# La seconda prova di matematica e fisica

svolgimento commentato
delle prove ufficiali
# 2019

*Alessio Mangoni*

©2020 Alessio Mangoni. Tutti i diritti riservati.

ISBN: 9798652577803

DR. ALESSIO MANGONI, PHD

Scienziato e fisico teorico delle particelle, attivo nel campo della fisica delle alte energie e della fisica nucleare, autore di numerosi articoli di ricerca scientifica pubblicati su riviste internazionali, consultabili al link:

http://inspirehep.net/author/profile/A.Mangoni.1

https://www.alessiomangoni.it

*I edizione, Giugno 2020*

# Indice

Indice .................................... 5

Introduzione .......................... 11

## 1 Testi delle prove ................... 13

1.1 Problema 1 ordinaria 2019      13

  1.1.1    Richiesta 1 ................................ 13

  1.1.2    Richiesta 2 ................................ 14

  1.1.3    Richiesta 3 ................................ 14

  1.1.4    Richiesta 4 ................................ 16

## 1.2 Problema 2 ordinaria 2019    16

### 1.2.1 Richiesta 1 .................................. 17
### 1.2.2 Richiesta 2 .................................. 18
### 1.2.3 Richiesta 3 .................................. 18
### 1.2.4 Richiesta 4 .................................. 19

## 1.3 Quesiti ordinaria 2019    20

### 1.3.1 Quesito 1 .................................... 20
### 1.3.2 Quesito 2 .................................... 20
### 1.3.3 Quesito 3 .................................... 21
### 1.3.4 Quesito 4 .................................... 21
### 1.3.5 Quesito 5 .................................... 21
### 1.3.6 Quesito 6 .................................... 22
### 1.3.7 Quesito 7 .................................... 22
### 1.3.8 Quesito 8 .................................... 23

## 1.4 Problema 1 simulazione 28/02/2019    24

### 1.4.1 Richiesta 1 .................................. 24
### 1.4.2 Richiesta 2 .................................. 25
### 1.4.3 Richiesta 3 .................................. 25
### 1.4.4 Richiesta 4 .................................. 26

## 1.5 Problema 2 simulazione 28/02/2019    26

### 1.5.1 Richiesta 1 .................................. 27
### 1.5.2 Richiesta 2 .................................. 27

| | | |
|---|---|---|
| 1.5.3 | Richiesta 3 | 28 |
| 1.5.4 | Richiesta 4 | 28 |

## 1.6 Quesiti simulazione 28/02/2019 — 29

| | | |
|---|---|---|
| 1.6.1 | Quesito 1 | 29 |
| 1.6.2 | Quesito 2 | 29 |
| 1.6.3 | Quesito 3 | 29 |
| 1.6.4 | Quesito 4 | 30 |
| 1.6.5 | Quesito 5 | 31 |
| 1.6.6 | Quesito 6 | 31 |
| 1.6.7 | Quesito 7 | 32 |
| 1.6.8 | Quesito 8 | 32 |

# 2 Svolgimento prove — 33

## 2.1 Testo $P_1$ ordinaria 2019 — 33

| | | |
|---|---|---|
| 2.1.1 | Richiesta 1 | 33 |
| 2.1.2 | Richiesta 2 | 34 |
| 2.1.3 | Richiesta 3 | 34 |
| 2.1.4 | Richiesta 4 | 36 |

## 2.2 Svolgimento $P_1$ ordinaria 2019 — 36

## 2.3 Testo $P_2$ ordinaria 2019 — 57

| | | |
|---|---|---|
| 2.3.1 | Richiesta 1 | 59 |
| 2.3.2 | Richiesta 2 | 59 |

| | | |
|---|---|---|
| 2.3.3 | Richiesta 3 | 60 |
| 2.3.4 | Richiesta 4 | 60 |
| **2.4** | **Svolgimento $P_2$ ordinaria 2019** | **61** |
| **2.5** | **Quesiti ordinaria 2019** | **75** |
| 2.5.1 | Testo $Q_1$ | 75 |
| 2.5.2 | Svolgimento $Q_1$ | 75 |
| 2.5.3 | Testo $Q_2$ | 77 |
| 2.5.4 | Svolgimento $Q_2$ | 78 |
| 2.5.5 | Testo $Q_3$ | 80 |
| 2.5.6 | Svolgimento $Q_3$ | 80 |
| 2.5.7 | Testo $Q_4$ | 83 |
| 2.5.8 | Svolgimento $Q_4$ | 83 |
| 2.5.9 | Testo $Q_5$ | 88 |
| 2.5.10 | Svolgimento $Q_5$ | 88 |
| 2.5.11 | Testo $Q_6$ | 91 |
| 2.5.12 | Svolgimento $Q_6$ | 92 |
| 2.5.13 | Testo $Q_7$ | 94 |
| 2.5.14 | Svolgimento $Q_7$ | 95 |
| 2.5.15 | Testo $Q_8$ | 98 |
| 2.5.16 | Svolgimento $Q_8$ | 98 |
| **2.6** | **Testo $P_1$ simulazione 28/02/2019** | **102** |
| 2.6.1 | Richiesta 1 | 102 |

| | | |
|---|---|---|
| 2.6.2 | Richiesta 2 | 102 |
| 2.6.3 | Richiesta 3 | 103 |
| 2.6.4 | Richiesta 4 | 104 |

## 2.7 Svolgimento $P_1$ simulazione 28/02/2019 — 104

## 2.8 Testo $P_2$ simulazione 28/02/2019 — 121

| | | |
|---|---|---|
| 2.8.1 | Richiesta 1 | 122 |
| 2.8.2 | Richiesta 2 | 122 |
| 2.8.3 | Richiesta 3 | 122 |
| 2.8.4 | Richiesta 4 | 123 |

## 2.9 Svolgimento $P_2$ simulazione 28/02/2019 — 123

## 2.10 Quesiti simulazione 28/02/2019 — 134

| | | |
|---|---|---|
| 2.10.1 | Testo $Q_1$ | 134 |
| 2.10.2 | Svolgimento $Q_1$ | 134 |
| 2.10.3 | Testo $Q_2$ | 140 |
| 2.10.4 | Svolgimento $Q_2$ | 141 |
| 2.10.5 | Testo $Q_3$ | 145 |
| 2.10.6 | Svolgimento $Q_3$ | 145 |
| 2.10.7 | Testo $Q_4$ | 147 |
| 2.10.8 | Svolgimento $Q_4$ | 148 |
| 2.10.9 | Testo $Q_5$ | 154 |
| 2.10.10 | Svolgimento $Q_5$ | 155 |
| 2.10.11 | Testo $Q_6$ | 158 |

2.10.12 Svolgimento $Q_6$ .......................... 158
2.10.13 Testo $Q_7$ ................................ 161
2.10.14 Svolgimento $Q_7$ .......................... 161
2.10.15 Testo $Q_8$ ................................ 165
2.10.16 Svolgimento $Q_8$ .......................... 165

# 3 Note .................................. 168

# Introduzione

Lo scopo di questo libro è quello di fornire allo studente una solida preparazione per la seconda prova di matematica e fisica. Dalla maturità 2019 è stata infatti introdotta la possibilità della seconda prova mista matematica-fisica nell'esame di Stato dei licei scientifici. In questo libro sono svolti e commentati adeguatamente tutti gli esercizi e quesiti della prova ordinaria 2019 e di una simulazione della prova ufficiale.

# Introduzione

# 1. Testi delle prove

## 1.1 Problema 1 ordinaria 2019

Si considerino le seguenti funzioni:

$$f(x) = ax^2 - x + b,$$
$$g(x) = (ax+b)e^{2x-x^2}.$$

### 1.1.1 Richiesta 1

Provare che, comunque siano scelti i valori di $a, b \in \mathbb{R}$ con $a \neq 0$ la funzione $g$ ammette un massimo e un minimo assoluti. Determinare i valori di $a$ e $b$ in corrispondenza dei quali i grafici delle due funzioni $f$ e $g$ si intersecano nel punto $A = (2,1)$.

### 1.1.2 Richiesta 2

Si assuma, d'ora in avanti, di avere

$$a = 1, \quad b = -1.$$

Studiare le due funzioni così ottenute, verificando che il grafico di $g$ ammette un centro di simmetria e che i grafici di $f$ e $g$ sono tangenti nel punto $B = (0, -1)$. Determinare inoltre l'area della regione piana $S$ delimitata dai grafici delle funzioni $f$ e $g$.

### 1.1.3 Richiesta 3

Si supponga che nel riferimento $Oxy$ le lunghezze siano espresse in metri (m). Si considerino tre fili conduttori rettilinei disposti perpendicolarmente al piano $Oxy$ e passanti rispettivamente per i punti:

$$P_1\left(\frac{3}{2}, 0\right), \quad P_2\left(\frac{3}{2}, 1\right), \quad P_3\left(\frac{3}{2}, -\frac{1}{2}\right).$$

I tre fili sono percorsi da correnti continue di intensità

$$i_1 = 2.0\,\text{A}, \quad i_2, \quad i_3.$$

## 1.1 Problema 1 ordinaria 2019

Il verso di $i_1$ è indicato in figura 1.1.1 mentre gli altri due versi non sono indicati. Stabilire come varia la circuita-

**Figura 1.1.1**

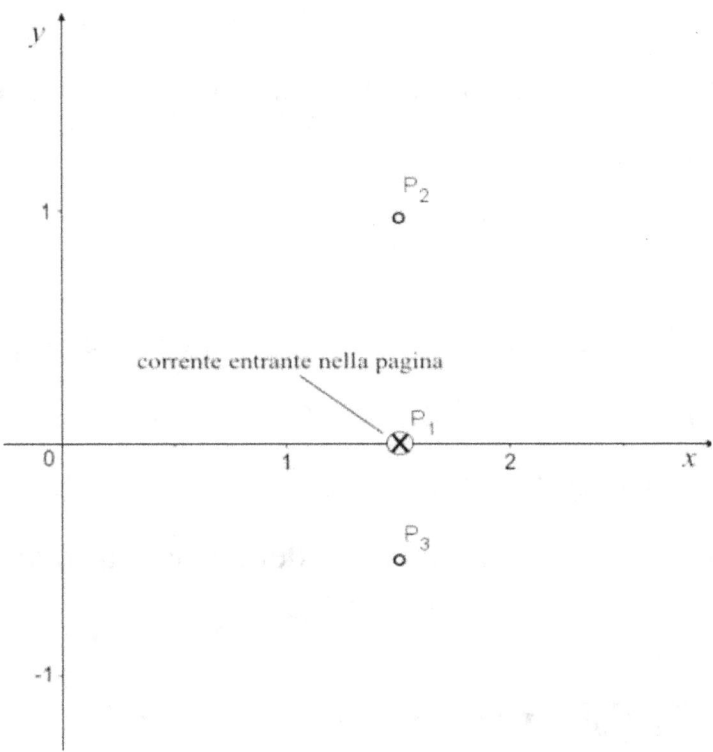

zione del campo magnetico, generato dalle correnti $i_1$, $i_2$ e $i_3$, lungo il contorno di $S$, a seconda dell'intensità e del verso di $i_2$ e $i_3$.

### 1.1.4 Richiesta 4

Si supponga, in assenza dei tre fili, che il contorno della regione $S$ rappresenti il profilo di una spira conduttrice di resistenza

$$R = 0.2 \; \Omega.$$

La spira è posta all'interno di un campo magnetico uniforme di intensità

$$B = 1.5 \cdot 10^{-2} \; \text{T},$$

perpendicolare alla regione $S$. Facendo ruotare la spira intorno all'asse $x$ con velocità angolare $\omega$ costante, in essa si genera una corrente indotta la cui intensità massima è pari a 5.0 mA. Determinare il valore della velocità angolare $\omega$.

## 1.2 Problema 2 ordinaria 2019

Un condensatore piano è formato da due armature circolari di raggio $R$, poste a distanza $d$, dove $R$ e $d$ sono espresse in metri (m), come mostrato in figura 1.2.1. Viene applicata alle armature una differenza di potenziale variabile nel tempo e inizialmente nulla. All'interno del condensatore

# 1.2 Problema 2 ordinaria 2019

**Figura 1.2.1**

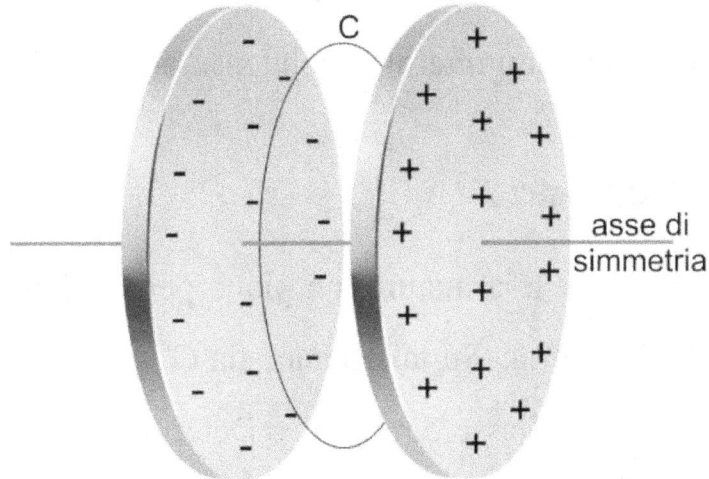

si rileva la presenza di un campo magnetico $\vec{B}$. Trascurando gli effetti di bordo, a distanza $r$ dall'asse di simmetria del condensatore, l'intensità di $\vec{B}$, espressa in tesla (T), varia secondo la legge:

$$|\vec{B}| = \frac{kt}{\sqrt{(t^2+a^2)^3}} r, \quad r \leq R,$$

dove $a$ e $k$ sono costanti positive e $t$ è il tempo trascorso dall'istante iniziale, espresso in secondi (s).

## 1.2.1 Richiesta 1

Dopo aver determinato le unità di misura di $a$ e $k$, spiegare perché nel condensatore è presente un campo magnetico anche in assenza di magneti e correnti di conduzione. Qual è la relazione tra le direzioni di $\vec{B}$ e del campo elettrico $\vec{E}$ nei punti interni al condensatore?

### 1.2.2 Richiesta 2

Si consideri, tra le armature, un piano perpendicolare all'asse di simmetria. Su tale piano, sia $C$ la circonferenza avente centro sull'asse e raggio $r$. Determinare la circuitazione di $\vec{B}$ lungo $C$ e da essa ricavare che il flusso di $\vec{E}$, attraverso la superficie circolare delimitata da $C$, è dato da

$$\phi(\vec{E}) = \frac{2k\pi r^2}{\mu_0 \varepsilon_0} \left( \frac{-1}{\sqrt{t^2+a^2}} + \frac{1}{a} \right).$$

Calcolare la d.d.p. tra le armature del condensatore. A quale valore tende $|\vec{B}|$ al trascorrere del tempo? Giustificare la risposta dal punto di vista fisico.

### 1.2.3 Richiesta 3

Per $a > 0$ si consideri la funzione $f : \mathbb{R} \to \mathbb{R}$ definita da

$$f(t) = -\frac{t}{\sqrt{(t^2+a^2)^3}}.$$

Verificare che la funzione

$$F(t) = \frac{1}{\sqrt{t^2+a^2}} - \frac{1}{a}$$

è la primitiva di $f$ il cui grafico passa per l'origine. Studiare la funzione $F$, individuandone eventuali simmetrie, asintoti, estremi. Provare che $F$ presenta due flessi nei punti di ascisse

$$t = \pm\frac{\sqrt{2}}{2}a$$

e determinare le pendenze delle rette tangenti al grafico di $F$ in tali punti.

### 1.2.4 Richiesta 4

Con le opportune motivazioni, dedurre il grafico di $f$ da quello di $F$, specificando cosa rappresentano le ascisse dei punti di flesso di $F$ per la funzione $f$. Calcolare l'area della regione compresa tra il grafico di $f$, l'asse delle ascisse e le rette parallele all'asse delle ordinate passanti per gli estremi della funzione. Fissato $b > 0$, calcolare il valore di

$$\int_{-b}^{b} f(t)\,dt.$$

## 1.3 Quesiti ordinaria 2019

### 1.3.1 Quesito 1

Una data funzione è esprimibile nella forma

$$f(x) = \frac{p(x)}{x^2 + d},$$

dove $d \in \mathbb{R}$ e $p(x)$ è un polinomio. Il grafico di $f$ interseca l'asse $x$ nei punti di ascisse 0 e 12/5 ed ha come asintoti le rette di equazione $x = 3$, $x = -3$ e $y = 5$. Determinare i punti di massimo e di minimo relativi della funzione $f$.

### 1.3.2 Quesito 2

È assegnata la funzione

$$g(x) = \sum_{n=1}^{1010} x^{2n-1} = x + x^3 + x^5 + x^7 + \cdots + x^{2017} + x^{2019}.$$

Provare che esiste un solo $x_0 \in \mathbb{R}$ tale che

$$g(x_0) = 0.$$

Determinare inoltre il valore di

$$\lim_{x \to +\infty} \frac{g(x)}{1.1^x}.$$

## 1.3 Quesiti ordinaria 2019

### 1.3.3 Quesito 3

Tra tutti i parallelepipedi rettangoli a base quadrata, con superficie totale di area $S$, determinare quello per cui la somma delle lunghezze degli spigoli è minima.

### 1.3.4 Quesito 4

Dati i punti $A = (2, 0, -1)$ e $B = (-2, 2, 1)$, provare che il luogo geometrico dei punti $P$ dello spazio, tali che

$$\overline{PA} = \sqrt{2}\,\overline{PB},$$

è costituito da una superficie sferica $S$ e scrivere la sua equazione cartesiana. Verificare che il punto $T = (-10, 8, 7)$ appartiene a $S$ e determinare l'equazione del piano tangente in $T$ a $S$.

### 1.3.5 Quesito 5

Si lanciano 4 dadi con facce numerate da 1 a 6.

- Qual è la probabilità che la somma dei 4 numeri usciti non superi 5?
- Qual è la probabilità che il prodotto dei 4 numeri usciti sia multiplo di 3?

- Qual è la probabilità che il massimo numero uscito sia 4?

### 1.3.6 Quesito 6

Una spira di rame, di resistenza $R = 4.0$ mΩ racchiude un'area di 30 centimetri quadrati ed è immersa in un campo magnetico uniforme, le cui linee di forza sono perpendicolari alla superficie della spira. La componente del campo magnetico perpendicolare alla superficie varia nel tempo come indicato in figura. Spiegare la relazione esistente tra la variazione del campo che induce la corrente e il verso della corrente indotta. Calcolare la corrente media che passa nella spira durante i seguenti intervalli di tempo:

- da 0.0 ms a 3.0 ms;
- da 3.0 ms a 5.0 ms;
- da 5.0 ms a 10 ms.

### 1.3.7 Quesito 7

In laboratorio si sta osservando il moto di una particella che si muove nel verso positivo dell'asse $x$ di un sistema di riferimento ad esso solidale. All'istante iniziale, la par-

# 1.3 Quesiti ordinaria 2019

ticella si trova nell'origine e in un intervallo di tempo di 2.0 ns percorre una distanza di 25 cm. Una navicella passa con velocità

$$v = 0.80\,c$$

lungo la direzione $x$ del laboratorio, nel verso positivo, e da essa si osserva il moto della stessa particella. Determinare le velocità medie della particella nei due sistemi di riferimento. Quale intervallo di tempo e quale distanza misurerebbe un osservatore posto sulla navicella?
Velocità della luce:

$$c = 3 \cdot 10^8 \text{ m/s}.$$

## 1.3.8 Quesito 8

Un protone penetra in una regione di spazio in cui è presente un campo magnetico uniforme di modulo $|\vec{B}| = 1.00$ mT. Esso inizia a muoversi descrivendo una traiettoria ad elica cilindrica, con passo costante

$$\Delta x = 38.1 \text{ cm},$$

ottenuta dalla composizione di un moto circolare uniforme di raggio $r = 10.5$ cm e di un moto rettilineo uniforme.

Determinare il modulo del vettore velocità e l'angolo che esso forma con $\vec{B}$.

Carica elementare:

$$e = 1.602 \cdot 10^{-19} \, \text{C}.$$

Massa del protone:

$$m_p = 1.673 \cdot 10^{-27} \, \text{kg}.$$

## 1.4 Problema 1 simulazione 28/02/2019

Assegnate due costanti reali $a$ e $b$ (con $a > 0$), si consideri la funzione $q(t)$ così definita:

$$q(t) = at \cdot e^{bt}.$$

### 1.4.1 Richiesta 1

A seconda dei possibili valori di $a$ e $b$, discutere se nel grafico della funzione $q$ è presente un punto di massimo o di minimo. Determinare i valori di $a$ e $b$ in corrispondenza dei quali il grafico della funzione $q(t)$, in un piano cartesiano di coordinate $(t, y)$, ha un massimo nel punto

$$B\left(2, \frac{8}{e}\right).$$

### 1.4.2 Richiesta 2

Assumendo, d'ora in avanti, di avere

$$a = 4, \quad b = -12,$$

studiare la funzione

$$q(t) = 4t \cdot e^{-\frac{t}{2}},$$

verificando, in particolare, che si ha un flesso nel punto

$$F = \left(4, \frac{16}{e^2}\right).$$

Determinare l'equazione della retta tangente al grafico nel punto $F$.

### 1.4.3 Richiesta 3

Supponendo che la funzione $q(t)$ rappresenti, per

$$t \geq 0,$$

la carica elettrica (misurata in C) che attraversa all'istante di tempo $t$ (misurato in s) la sezione di un certo conduttore, determinare le dimensioni fisiche delle costanti $a$ e $b$ sopra indicate. Sempre assumendo

$$a = 4, \quad b = -12,$$

esprimere l'intensità di corrente $i(t)$ che fluisce nel conduttore all'istante $t$; determinare il valore massimo ed il valore minimo di tale corrente e a quale valore essa si assesta col trascorrere del tempo.

### 1.4.4 Richiesta 4

Indicando, per $t_0 \geq 0$ con $Q(t_0)$ la carica totale che attraversa la sezione del conduttore in un dato intervallo di tempo

$$[0, t_0],$$

determinare a quale valore tende $Q(t_0)$ per $t_0 \to +\infty$. Supponendo che la resistenza del conduttore sia $R = 3\,\Omega$ scrivere (senza poi effettuare il calcolo), un integrale che fornisca l'energia dissipata nell'intervallo di tempo

$$[0, t_0].$$

## 1.5 Problema 2 simulazione 28/02/2019

Una carica elettrica puntiforme

$$Q_1 = 4q,$$

## 1.5 Problema 2 simulazione 28/02/2019

(con $q$ positivo) è fissata nell'origine O di un sistema di riferimento nel piano O$xy$ (dove $x$ e $y$ sono espressi in m). Una seconda carica elettrica puntiforme

$$Q_2 = q$$

è vincolata a rimanere sulla retta $r$ di equazione

$$y = 1.$$

### 1.5.1 Richiesta 1

Supponendo che la carica $Q_2$ sia collocata nel punto

$$A = (0,1),$$

provare che esiste un unico punto $P$ del piano nel quale il campo elettrostatico generato dalle cariche $Q_1$ e $Q_2$ è nullo. Individuare la posizione del punto $P$ e discutere se una terza carica collocata in $P$ si trova in equilibrio elettrostatico stabile oppure instabile.

### 1.5.2 Richiesta 2

Verificare che, se la carica $Q_2$ si trova nel punto della retta $r$ avente ascissa $x$, l'energia potenziale elettrostatica del sistema costituito da $Q_1$ e $Q_2$ è data da

$$U(x) = k\frac{4q^2}{\sqrt{1+x^2}},$$

dove $k$ è una costante positiva con unità di misura:

$$\text{N m}^2/\text{C}^2.$$

### 1.5.3 Richiesta 3

Studiare la funzione $U(x)$ per $x \in \mathbb{R}$, specificandone eventuali simmetrie, asintoti, massimi o minimi, flessi. Quali sono i coefficienti angolari delle tangenti nei punti di flesso?

### 1.5.4 Richiesta 4

A partire dal grafico della funzione $U$, tracciare il grafico della funzione $U'$, specificandone le eventuali proprietà di simmetria. Determinare il valore di

$$\int_{-m}^{m} U'(x)\,dx,$$

(dove $m > 0$ indica l'ascissa del punto di minimo di $U'$).

## 1.6 Quesiti simulazione 28/02/2019

### 1.6.1 Quesito 1

Determinare i valori di $a$ e $b$ in modo che la funzione $g : \mathbb{R} - \{3\} \to \mathbb{R}$

$$g(x) = \begin{cases} 3 - ax^2 & \text{per } x \leq 1 \\ \frac{b}{x-3} & \text{per } x > 1 \end{cases},$$

sia derivabile in tutto il suo dominio. Tracciare i grafici delle funzioni $g$ e $g'$.

### 1.6.2 Quesito 2

Sia $R$ la regione piana compresa tra l'asse $x$ e la curva di equazione

$$y = 2e^{1-|x|}.$$

Provare che, tra i rettangoli inscritti in $R$ e aventi un lato sull'asse $x$, quello di area massima ha perimetro minimo ed è un quadrato.

### 1.6.3 Quesito 3

Una scatola contiene 16 palline numerate da 1 a 16.

- Se ne estraggono 3, una alla volta, rimettendo ogni volta nella scatola la pallina estratta. Qual è la probabilità che il primo numero estratto sia 10 e gli altri due minori di 10?
- Se ne estraggono 5 contemporaneamente. Qual è la probabilità che il più grande dei numeri estratti sia uguale a 13?

### 1.6.4 Quesito 4

Scrivere, giustificando la scelta effettuata, una funzione razionale
$$y = \frac{s(x)}{t(x)},$$
dove $s(x)$ e $t(x)$ sono polinomi, tale che il grafico della funzione:

- incontri l'asse $x$ nei punti di ascissa $-1$ e $2$ e sia ad esso tangente in quest'ultimo punto;
- abbia asintoti verticali di equazioni x=-3 e x=1;
- passi per il punto P=(7,10).

Rappresentare, qualitativamente, il grafico della funzione trovata.

## 1.6.5 Quesito 5

Si consideri la superficie sferica $S$ di equazione

$$x^2 + y^2 + z^2 - 2x + 6z = 0.$$

- Dopo aver determinato le coordinate del centro e la misura del raggio, verificare che il piano $p$ di equazione $3x - 2y + 6z + 1 = 0$ e la superficie $S$ sono secanti.
- Determinare il raggio della circonferenza ottenuta intersecando p e $S$.

## 1.6.6 Quesito 6

Un punto materiale si muove di moto rettilineo, secondo la legge oraria espressa, per $t \geq 0$ da

$$x(t) = \frac{1}{9}t^2 \left(\frac{1}{3}t + 2\right),$$

dove $x(t)$ indica (in m) la posizione occupata dal punto all'istante $t$ (in s). Si tratta di un moto uniformemente accelerato? Calcolare la velocità media nei primi 9 secondi di moto e determinare l'istante in cui il punto si muove a questa velocità.

## 1.6.7 Quesito 7

Una sfera di massa $m$ urta centralmente a velocità $v$ una seconda sfera, avente massa $3m$ ed inizialmente ferma.

- Stabilire le velocità delle due sfere dopo l'urto, nell'ipotesi che tale urto sia perfettamente elastico.
- Stabilire le velocità delle due sfere dopo l'urto, nell'ipotesi che esso sia completamente anelastico. Esprimere, in questo caso, il valore dell'energia dissipata.

## 1.6.8 Quesito 8

Un campo magnetico, la cui intensità varia secondo la legge

$$B(t) = B_0(2 + \sin(\omega t)),$$

dove $t$ indica il tempo, attraversa perpendicolarmente un circuito quadrato di lato $l$. Detta $R$ la resistenza presente nel circuito, determinare la forza elettromotrice e l'intensità di corrente indotte nel circuito all'istante $t$. Specificare le unità di misura di tutte le grandezze coinvolte.

# 2. Svolgimento prove

## 2.1 Testo $P_1$ ordinaria 2019

Si considerino le seguenti funzioni:

$$f(x) = ax^2 - x + b,$$
$$g(x) = (ax+b)e^{2x-x^2}.$$

### 2.1.1 Richiesta 1

Provare che, comunque siano scelti i valori di $a, b \in \mathbb{R}$ con $a \neq 0$ la funzione $g$ ammette un massimo e un minimo assoluti. Determinare i valori di $a$ e $b$ in corrispondenza dei quali i grafici delle due funzioni $f$ e $g$ si intersecano nel punto $A = (2,1)$.

### 2.1.2 Richiesta 2

Si assuma, d'ora in avanti, di avere

$$a = 1, \qquad b = -1.$$

Studiare le due funzioni così ottenute, verificando che il grafico di $g$ ammette un centro di simmetria e che i grafici di $f$ e $g$ sono tangenti nel punto $B = (0, -1)$. Determinare inoltre l'area della regione piana $S$ delimitata dai grafici delle funzioni $f$ e $g$.

### 2.1.3 Richiesta 3

Si supponga che nel riferimento $Oxy$ le lunghezze siano espresse in metri (m). Si considerino tre fili conduttori rettilinei disposti perpendicolarmente al piano $Oxy$ e passanti rispettivamente per i punti:

$$P_1\left(\frac{3}{2}, 0\right), \quad P_2\left(\frac{3}{2}, 1\right), \quad P_3\left(\frac{3}{2}, -\frac{1}{2}\right).$$

I tre fili sono percorsi da correnti continue di intensità

$$i_1 = 2.0 \, \text{A}, \quad i_2, \quad i_3.$$

# 2.1 Testo $P_1$ ordinaria 2019

Il verso di $i_1$ è indicato in figura 2.1.1 mentre gli altri due versi non sono indicati. Stabilire come varia la circuita-

**Figura 2.1.1**

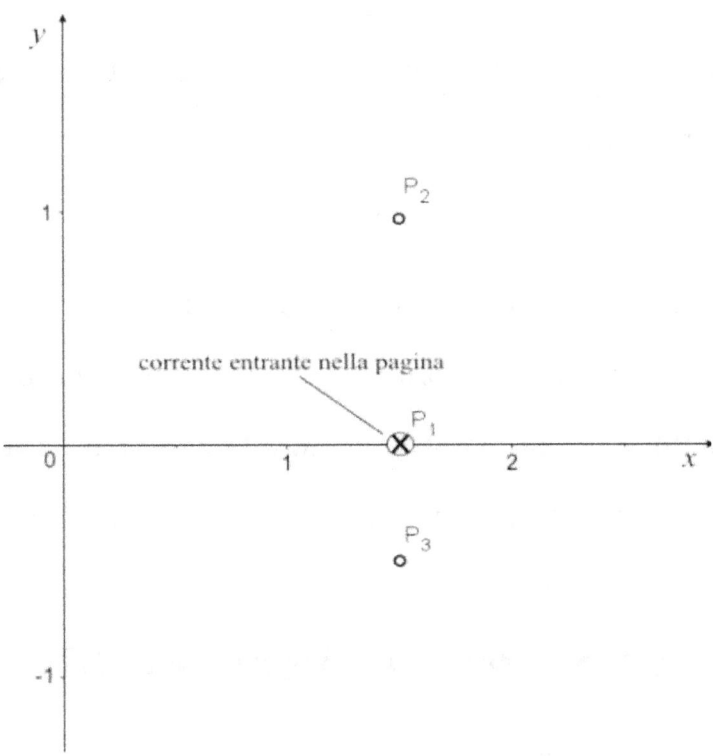

zione del campo magnetico, generato dalle correnti $i_1$, $i_2$ e $i_3$, lungo il contorno di $S$, a seconda dell'intensità e del verso di $i_2$ e $i_3$.

### 2.1.4 Richiesta 4

Si supponga, in assenza dei tre fili, che il contorno della regione $S$ rappresenti il profilo di una spira conduttrice di resistenza
$$R = 0.2 \, \Omega.$$
La spira è posta all'interno di un campo magnetico uniforme di intensità
$$B = 1.5 \cdot 10^{-2} \, \text{T},$$
perpendicolare alla regione $S$. Facendo ruotare la spira intorno all'asse $x$ con velocità angolare $\omega$ costante, in essa si genera una corrente indotta la cui intensità massima è pari a 5.0 mA. Determinare il valore della velocità angolare $\omega$.

## 2.2 Svolgimento $P_1$ ordinaria 2019

Entrambe le funzioni
$$f(x) = ax^2 - x + b,$$
$$g(x) = (ax+b)e^{2x-x^2}.$$
sono continue e derivabili in tutto il campo dei reali. In particolare la prima è un polinomio di secondo grado, in-

## 2.2 Svolgimento $P_1$ ordinaria 2019

fatti per ipotesi $a \neq 0$, mentre la seconda è il prodotto tra un polinomio di primo grado e un esponenziale. Calcoliamo la derivata prima della funzione $g(x)$

$$g'(x) = (ax+b)' e^{2x-x^2} + (ax+b)\left(e^{2x-x^2}\right)',$$

$$g'(x) = a e^{2x-x^2} + (ax+b) e^{2x-x^2}(-2x+2),$$

$$g'(x) = e^{2x-x^2}\left[a + 2(ax+b)(1-x)\right],$$

$$g'(x) = e^{2x-x^2}\left(-2ax^2 + 2x(a-b) + a + 2b\right),$$

Risolviamo l'equazione

$$g'(x) = 0$$

cioè

$$e^{2x-x^2}\left(-2ax^2 + 2x(a-b) + a + 2b\right) = 0,$$

che diventa

$$-2ax^2 + 2x(a-b) + a + 2b = 0,$$

essendo l'esponenziale sempre positivo. Calcoliamo il delta

$$\Delta = (2a-2b)^2 - 4(-2a)(a+2b),$$

$$\Delta = 4a^2 + 4b^2 - 8ab + 8a(a+2b),$$

$$\Delta = 4a^2 + 4b^2 - 8ab + 8a^2 + 16ab,$$

$$\Delta = 12a^2 + 4b^2 + 8ab,$$

da cui

$$\Delta = 4(3a^2 + b^2 + 2ab).$$

Le soluzioni sono

$$x_{1,2} = \frac{2(b-a) \pm 2\sqrt{3a^2 + b^2 + 2ab}}{-4a},$$

$$x_{1,2} = \frac{a-b \mp \sqrt{3a^2 + b^2 + 2ab}}{2a},$$

che rappresentano le ascisse di massimo e minimo assoluto, essendo

$$\lim_{x \to \pm\infty} g(x) = \lim_{x \to \pm\infty} (ax+b)e^{2x-x^2} = \lim_{x \to \pm\infty} \frac{ax+b}{e^{x^2-2x}} = \frac{\infty}{\infty}$$

$$= \lim_{x \to \pm\infty} \frac{a}{(2x-2)e^{x^2-2x}} = 0,$$

dove nell'ultimo passaggio abbiamo usato il teorema di De l'Hopital e assumendo la funzione g(x) valori sia positivi che negativi, come si può osservare risolvendo la disequazione

$$g(x) > 0,$$

cioè

$$(ax+b)e^{2x-x^2} > 0,$$

$$ax+b > 0, \quad ax > -b,$$

da cui si evince che se a>0 la funzione è positiva per

$$g(x) > 0 \quad \text{se } x > -\frac{b}{a}$$

e negativa per

$$g(x) < 0 \quad \text{se } x < -\frac{b}{a}.$$

Se $a < 0$ la funzione è positiva per

$$g(x) > 0 \quad \text{se } x < -\frac{b}{a}$$

e negativa per

$$g(x) < 0 \quad \text{se } x > -\frac{b}{a}.$$

Imponiamo il passaggio delle funzioni $f(x)$ e $g(x)$ per il punto fornito $A = (2,1)$. Scriviamo il sistema

$$\begin{cases} 1 = f(2) \\ 1 = g(2) \end{cases}, \quad \begin{cases} 1 = a(2)^2 - 2 + b \\ 1 = (2a+b)e^{2(2)-2^2} \end{cases},$$

$$\begin{cases} 1 = 4a + b - 2 \\ 1 = (2a+b)e^0 \end{cases}, \quad \begin{cases} 4a + b = 3 \\ 2a + b = 1 \end{cases},$$

$$\begin{cases} b = 3 - 4a \\ b = 1 - 2a \end{cases}.$$

Consideriamo quindi l'equazione

$$3 - 4a = 1 - 2a, \quad -4a + 2a = -2,$$
$$-2a = -2, \quad a = 1.$$

Sostituiamo nella seconda equazione del sistema

$$b = 1 - 2(1) = -1.$$

Quindi i valori di $a$ e $b$ trovati sono

$$\begin{cases} a = 1 \\ b = -1 \end{cases}.$$

## 2.2 Svolgimento $P_1$ ordinaria 2019

Riscriviamo le due funzioni sostituendo i valori di $a$ e $b$ appena calcolati

$$f(x) = x^2 - x - 1,$$
$$g(x) = (x-1)e^{2x-x^2}.$$

Il grafico della funzione $f(x)$ è una parabola. Calcoliamone il vertice che, per una parabola generica del tipo

$$y = ax^2 + bx + c$$

è

$$V = \left(-\frac{b}{2a}, -\frac{\Delta}{4a}\right),$$

con

$$\Delta = b^2 - 4ac.$$

In questo caso si ha

$$\Delta = (-1)^2 - 4(-1) = 1 + 4 = 5,$$

da cui

$$V = \left(-\frac{-1}{2}, -\frac{5}{4}\right) = = \left(\frac{1}{2}, -\frac{5}{4}\right).$$

Le intersezioni della parabola con l'asse delle ascisse si ottengono risolvendo il sistema

$$\begin{cases} y = x^2 - x - 1 \\ y = 0 \end{cases},$$

cioè l'equazione

$$x^2 - x - 1 = 0,$$

da cui, avendo già calcolato il delta, le soluzioni

$$x_{1,2} = \frac{1 \pm \sqrt{5}}{2}.$$

La parabola interseca dunque l'asse delle $x$ nei punti

$$P_1 = \left(\frac{1 - \sqrt{5}}{2}, 0\right), \quad P_2 = \left(\frac{1 + \sqrt{5}}{2}, 0\right).$$

Passiamo alla funzione g(x)

$$g(x) = (x-1)e^{2x-x^2},$$

il cui dominio è tutto il campo dei reali, come già accennato. Le intersezioni con l'asse delle ascisse si ottiene risolvendo

$$\begin{cases} y = (x-1)e^{2x-x^2} \\ y = 0 \end{cases},$$

## 2.2 Svolgimento $P_1$ ordinaria 2019

cioè

$$(x-1)e^{2x-x^2} = 0, \quad x-1 = 0, \quad x = 1.$$

La funzione $g(x)$ interseca l'asse delle $x$ nel punto

$$P_3 = (1,0).$$

L'eventuale intersezione con l'asse delle ordinate si ottiene dal sistema

$$\begin{cases} y = (x-1)e^{2x-x^2} \\ x = 0 \end{cases},$$

da cui

$$y = (0-1)e^{2\cdot 0 - 0^2} = -1.$$

La funzione $g(x)$ interseca quindi l'asse delle $y$ nel punto

$$P_4 = (0,-1).$$

Abbiamo precedentemente studiato il segno di $g(x)$ per valori di $a$ e $b$ arbitrari. Riportiamo qui i risultati scritti sopra, per i valori di $a$ e $b$ fissati

$$a = 1, \quad b = -1$$

La funzione $g(x)$ è positiva per

$$g(x) > 0 \quad \text{se } x > -\frac{b}{a},$$

cioè

$$g(x) > 0 \quad \text{se } x > 1$$

e negativa per

$$g(x) < 0 \quad \text{se } x < 1.$$

Avevamo trovato anche le ascisse dei punti di massimo e minimo per $g(x)$ che riportiamo

$$x_{1,2} = \frac{a - b \mp \sqrt{3a^2 + b^2 + 2ab}}{2a}.$$

Sostituiamo i valori di $a = 1$ e $b = -1$ e otteniamo

$$x_{1,2} = \frac{2 \mp \sqrt{3 + 1 - 2}}{2} = \frac{2 \mp \sqrt{2}}{2}.$$

Calcoliamone le immagini corrispondenti, ricordando che

$$g(x) = (x - 1)e^{2x - x^2},$$

si ottengono, semplificando i calcoli,

$$g(x_1) = g\left(\frac{2 - \sqrt{2}}{2}\right) = -\sqrt{\frac{e}{2}},$$

$$g(x_2) = g\left(\frac{2 + \sqrt{2}}{2}\right) = \sqrt{\frac{e}{2}},$$

## 2.2 Svolgimento $P_1$ ordinaria 2019

Per cui la funzione $g(x)$ ha minimo assoluto in

$$G_1 = \left(\frac{2-\sqrt{2}}{2}, -\sqrt{\frac{e}{2}}\right)$$

e massimo assoluto in

$$G_2 = \left(\frac{2+\sqrt{2}}{2}, \sqrt{\frac{e}{2}}\right).$$

Inoltre la funzione $g(x)$ è crescente per

$$g(x) \nearrow \quad \text{se} \quad \frac{2-\sqrt{2}}{2} < x < \frac{2+\sqrt{2}}{2}$$

(tra il minimo e il massimo) e decrescente per

$$g(x) \searrow \quad \text{se} \; x < \frac{2-\sqrt{2}}{2} \; \text{o} \; x > \frac{2+\sqrt{2}}{2}$$

(prima del minimo e dopo il massimo). Avevamo inoltre verificato anche la presenza di un asintoto orizzontale per $g(x)$ di equazione

$$y = 0,$$

infatti avevamo calcolato

$$\lim_{x \to \pm\infty} g(x) = \lim_{x \to \pm\infty} (x-1)e^{2x-x^2} = 0.$$

Calcoliamo la derivata seconda di $g(x)$. Intanto avevamo trovato per la derivata prima

$$g'(x) = e^{2x-x^2}\left(-2ax^2 + 2x(a-b) + a + 2b\right),$$

da cui sostituendo $a = 1$ e $b = -1$, si ottiene

$$g'(x) = e^{2x-x^2}\left(-2x^2 + 4x - 1\right).$$

**Derivando ulteriormente**

$$g''(x) = e^{2x-x^2}(-2x+2)\left(-2x^2+4x-1\right) + e^{2x-x^2}(-4x+4),$$

$$g''(x) = e^{2x-x^2}\left[2(1-x)(-2x^2+4x-1) + 4(1-x)\right],$$

$$g''(x) = 2(1-x)e^{2x-x^2}(-2x^2+4x+1).$$

Studiamone il segno risolvendo la disequazione

$$g''(x) > 0,$$

cioè

$$2(1-x)e^{2x-x^2}(-2x^2+4x+1) > 0,$$

$$(1-x)(-2x^2+4x+1) > 0.$$

Consideriamo l'equazione associata

$$(1-x)(-2x^2+4x+1) = 0.$$

## 2.2 Svolgimento $P_1$ ordinaria 2019

Risolviamo intanto l'equazione di secondo grado

$$-2x^2 + 4x + 1 = 0,$$

che ha delta

$$\Delta = 16 - 4(-2) = 24$$

e soluzioni

$$x_{1,2} = \frac{-4 \pm \sqrt{24}}{-4} = \frac{4 \mp 2\sqrt{6}}{4} = \frac{2 \mp \sqrt{6}}{2}.$$

L'altra soluzione dell'equazione

$$(1-x)(-2x^2 + 4x + 1) = 0$$

è

$$1 - x = 0, \quad x = 1.$$

Riassumendo, le tre soluzioni sono

$$x_{1,2} = \frac{2 \mp \sqrt{6}}{2}, \quad x_3 = 1.$$

Tornando alla disequazione

$$(1-x)(-2x^2 + 4x + 1) > 0,$$

si ha che il primo fattore è positivo se

$$(1-x) > 0 \quad \rightarrow \quad x < 1,$$

mentre il secondo fattore è positivo se

$$-2x^2+4x+1>0 \quad \to \quad \frac{2-\sqrt{6}}{2}<x<\frac{2+\sqrt{6}}{2}.$$

Mettendo insieme i risultati ottenuti la soluzione di

$$(1-x)(-2x^2+4x+1)>0$$

è

$$\frac{2-\sqrt{6}}{2}<x<1 \text{ o } x>\frac{2+\sqrt{6}}{2}.$$

Ne deduciamo che la funzione g(x) ha concavità verso l'alto per

$$g(x)\cup \quad \text{se} \quad \frac{2-\sqrt{6}}{2}<x<1 \text{ o } x>\frac{2+\sqrt{6}}{2}$$

e concavità verso il basso per

$$g(x)\cap \quad \text{se} \, x<\frac{2-\sqrt{6}}{2} \text{ o } 1<x<\frac{2+\sqrt{6}}{2}$$

e che quindi si hanno tre punti di flesso di ascisse

$$x_{1,2}=\frac{2\mp\sqrt{6}}{2}, \quad x_3=1.$$

## 2.2 Svolgimento $P_1$ ordinaria 2019

Le ordinate corrispondenti sono, semplificando,

$$g(x_1) = g\left(\frac{2-\sqrt{6}}{2}\right) = -\sqrt{\frac{3}{2e}},$$

$$g(x_2) = g\left(\frac{2+\sqrt{6}}{2}\right) = \sqrt{\frac{3}{2e}},$$

$$g(x_3) = g(1) = 0,$$

I punti di flesso per la funzione $g(x)$ sono

$$F_1 = \left(\frac{2-\sqrt{6}}{2}, -\sqrt{\frac{3}{2e}}\right),$$

$$F_2 = \left(\frac{2+\sqrt{6}}{2}, \sqrt{\frac{3}{2e}}\right),$$

$$F_3 = (1, 0).$$

Possiamo tracciare i grafici delle funzioni $f(x)$ e $g(x)$ che mostriamo in figura 2.2.1. Il centro di simmetria per la funzione $g(x)$

$$g(x) = (x-1)e^{2x-x^2}$$

come si può osservare dal grafico, è il punto

$$C_S = (1, 0),$$

**Figura 2.2.1**

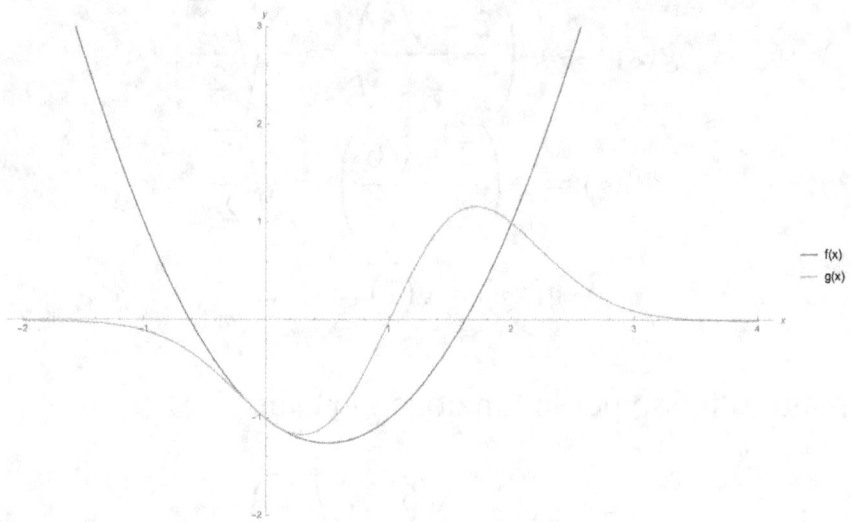

che è anche un punto di flesso per la funzione. Per verificarlo ricordiamo che le equazioni per la simmetria di centro $C_S$ si scrivono

$$\begin{cases} x' = 2 - x \\ y' = -y \end{cases},$$

da cui

$$\begin{cases} x = 2 - x' \\ y = -y' \end{cases}.$$

Sostituiamo questi valori alla funzione $g(x)$ di equazione

$$y = (x-1)e^{2x-x^2},$$

## 2.2 Svolgimento $P_1$ ordinaria 2019

ottenendo

$$-y' = (2-x'-1)e^{2(2-x')-(2-x')^2},$$

$$-y' = (1-x')e^{4-2x'-4-x'^2+4x'},$$

$$y' = (x'-1)e^{-x'^2+2x'}.$$

Rinominando

$$\begin{cases} x' \to x \\ y' \to y \end{cases},$$

si ottiene

$$y = (x-1)e^{-x^2+2x},$$

che coincide con la funzione di partenza $g(x)$ e abbiamo quindi verificato che quest'ultima è simmetrica rispetto a

$$C_S = (1,0).$$

Consideriamo il punto fornito

$$B = (0,-1).$$

Calcoliamo il coefficiente angolare delle rette tangenti a $f(x)$ e $g(x)$ nel punto $B$. Si hanno

$$m_f = f'(0),$$
$$m_g = g'(0).$$

Le funzioni sono

$$f(x) = x^2 - x - 1,$$
$$g(x) = (x-1)e^{2x-x^2},$$

con le derivate

$$f'(x) = 2x - 1,$$
$$g'(x) = e^{2x-x^2}\left(-2x^2 + 4x - 1\right).$$

Si hanno

$$m_f = -1, \qquad m_g = -1,$$

la retta tangente, che è la stessa essendo uguali i coefficienti angolari, ha la forma

$$y = mx + q = -x + q.$$

Troviamo $q$ imponendo il passaggio della retta per il punto $B$

$$B = (0, -1).$$

Si ha

$$-1 = -0 + q, \qquad q = -1$$

e la retta tangente diventa

$$y = -x - 1.$$

Le due funzioni $f(x)$ e $g(x)$ si intersecano nei due punti

$$(0, -1), \quad (2, 1)$$

come si può vedere anche dal grafico, quindi l'area della regione piana $S$ delimitata dai grafici delle funzioni $f$ e $g$ si ottiene calcolando l'integrale

$$\begin{aligned}
\text{Area} &= \int_0^2 (g(x) - f(x))\, dx \\
&= \int_0^2 \left((x-1)e^{2x-x^2} - (x^2 - x - 1)\right) dx \\
&= \int_0^2 \left((x-1)e^{2x-x^2} - x^2 + x + 1\right) dx \\
&= \int_0^2 \left((x-1)e^{2x-x^2}\right) dx + \int_0^2 (-x^2 + x + 1)\, dx.
\end{aligned}$$

Si ha intanto

$$\begin{aligned}
\int_0^2 (-x^2 + x + 1)\, dx &= \left[-\frac{x^3}{3} + \frac{x^2}{2} + x\right]_0^2 \\
&= -\frac{8}{3} + \frac{4}{2} + 2 = \frac{4}{3}.
\end{aligned}$$

Per l'altro integrale effettuiamo la sostituzione

$$t = 2x - x^2,$$

da cui
$$dt = 2(1-x)\,dx$$

e
$$\int_0^2 \left((x-1)e^{2x-x^2}\right) dx = -\frac{1}{2}\int_0^0 e^t\,dt = 0,$$

infatti
$$x = 2 \to t = 0, \qquad x = 0 \to t = 0.$$

Infine
$$\text{Area} = \frac{4}{3}.$$

Consideriamo i tre fili conduttori rettilinei disposti perpendicolarmente al piano O$xy$ passanti per i punti

$$P_1\left(\frac{3}{2},0\right), \quad P_2\left(\frac{3}{2},1\right), \quad P_3\left(\frac{3}{2},-\frac{1}{2}\right)$$

e percorsi da correnti continue di intensità

$$i_1 = 2.0\,\text{A}, \quad i_2, \quad i_3.$$

Il teorema di Ampère ci permette di calcolare la circuitazione del campo magnetico generato dalle correnti sul contorno (linea chiusa) della superficie $S$, chiamato $\partial S$.

## 2.2 Svolgimento $P_1$ ordinaria 2019

Prima di applicare la formula occorre stabilire quali delle tre correnti sono concatenate alla linea chiusa. Calcoliamo

$$f\left(\frac{3}{2}\right) = \left(\frac{3}{2}\right)^2 - \frac{3}{2} - 1 = -\frac{1}{4} = -0.25,$$

$$g\left(\frac{3}{2}\right) = \left(\frac{3}{2} - 1\right) e^{2(3/2) - (3/2)^2} = \frac{e^{3/4}}{2} \simeq 1.06,$$

Confrontando questi valori con le ordinate dei tre punti forniti concludiamo che solo l'ultimo dei punti non è interno al contorno di $S$. La legge di Ampère afferma che la circuitazione del campo magnetico generato dalle correnti sul contorno di $S$ è data dalla permeabilità magnetica del vuoto moltiplica per la somma delle correnti concatenate al percorso, dove il segno delle correnti è positivo se il campo magnetico che generano ha lo stesso verso di percorrenza della linea chiusa in considerazione.

Scegliamo come verso di percorrenza della linea chiuso quello antiorario. In questo caso, essendo $i_1$ diretta verso il basso, contribuisce con segno negativo. Quindi se $i_2$ è diretta verso l'alto la circuitazione del campo magnetico si scrive

$$\Gamma_{\partial S}(\vec{B}) = \mu_0(-i_1 + i_2),$$

mentre invece se $i_2$ è diretta verso il basso

$$\Gamma_{\partial S}(\vec{B}) = \mu_0(-i_1 - i_2).$$

Supponiamo ora, senza i tre fili, che il contorno della regione $S$ rappresenti il profilo di una spira conduttrice di resistenza

$$R = 0.2 \, \Omega,$$

posta all'interno di un campo magnetico uniforme di intensità

$$B = 1.5 \cdot 10^{-2} \, \text{T},$$

perpendicolare alla regione $S$. Se facciamo ruotare la spira intorno all'asse $x$ con velocità angolare $\omega$ costante, si genera una forza elettromotrice (f.e.m.) indotta data da

$$\text{fem} = -\frac{d\phi(\vec{B})}{dt},$$

dove $\phi(\vec{B})$ è il flusso del campo magnetico che attraversa la regione $S$, dato da

$$\phi(\vec{B}) = B \cdot \text{Area} \cdot (\cos \omega t),$$

dove l'area della regione $S$, calcolata in precedenza, vale

$$\text{Area} = \frac{4}{3}.$$

Si ha

$$\text{fem} = -\frac{d(B \cdot \text{Area} \cdot (\cos \omega t))}{dt} = \frac{4B\omega}{3} \sin \omega t.$$

La corrente indotta è legata alla f.e.m. dalla legge di Ohm

$$I = \frac{\text{fem}}{R} = \frac{4B\omega}{3R} \sin \omega t,$$

da cui la massima corrente indotta

$$I_{\max} = \frac{4B\omega}{3R}$$

e quindi

$$\omega = \frac{3RI_{\max}}{4B}.$$

Sapendo che

$$I_{\max} = 5.0 \text{ mA} = 5.0 \cdot 10^{-3} \text{ A}$$

e sostituendo gli altri valori numerici, si ottiene la velocità angolare

$$\omega = \frac{3 \cdot 0.2 \cdot 5 \cdot 10^{-3}}{4 \cdot 1.5 \cdot 10^{-2}} \frac{\text{rad}}{\text{s}} = 0.05 \frac{\text{rad}}{\text{s}}.$$

## 2.3 Testo $P_2$ ordinaria 2019

Un condensatore piano è formato da due armature circolari di raggio $R$, poste a distanza $d$, dove $R$ e $d$ sono espresse in metri (m), come mostrato in figura 2.3.1. Viene applicata alle armature una differenza di potenziale variabile nel tempo e inizialmente nulla. All'interno del condensatore

**Figura 2.3.1**

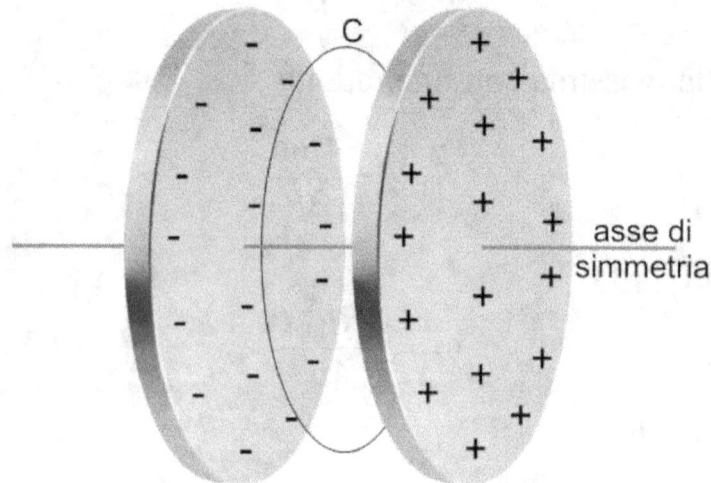

si rileva la presenza di un campo magnetico $\vec{B}$. Trascurando gli effetti di bordo, a distanza $r$ dall'asse di simmetria del condensatore, l'intensità di $\vec{B}$, espressa in tesla (T), varia secondo la legge:

$$|\vec{B}| = \frac{kt}{\sqrt{(t^2+a^2)^3}} r, \quad r \leq R,$$

dove $a$ e $k$ sono costanti positive e $t$ è il tempo trascorso dall'istante iniziale, espresso in secondi (s).

## 2.3 Testo $P_2$ ordinaria 2019

### 2.3.1 Richiesta 1

Dopo aver determinato le unità di misura di $a$ e $k$, spiegare perché nel condensatore è presente un campo magnetico anche in assenza di magneti e correnti di conduzione. Qual è la relazione tra le direzioni di $\vec{B}$ e del campo elettrico $\vec{E}$ nei punti interni al condensatore?

### 2.3.2 Richiesta 2

Si consideri, tra le armature, un piano perpendicolare all'asse di simmetria. Su tale piano, sia $C$ la circonferenza avente centro sull'asse e raggio $r$. Determinare la circuitazione di $\vec{B}$ lungo $C$ e da essa ricavare che il flusso di $\vec{E}$, attraverso la superficie circolare delimitata da $C$, è dato da

$$\phi(\vec{E}) = \frac{2k\pi r^2}{\mu_0 \varepsilon_0} \left( \frac{-1}{\sqrt{t^2+a^2}} + \frac{1}{a} \right).$$

Calcolare la d.d.p. tra le armature del condensatore. A quale valore tende $|\vec{B}|$ al trascorrere del tempo? Giustificare la risposta dal punto di vista fisico.

## 2.3.3 Richiesta 3

Per $a > 0$ si consideri la funzione $f : \mathbb{R} \to \mathbb{R}$ definita da

$$f(t) = -\frac{t}{\sqrt{(t^2+a^2)^3}}.$$

Verificare che la funzione

$$F(t) = \frac{1}{\sqrt{t^2+a^2}} - \frac{1}{a}$$

è la primitiva di $f$ il cui grafico passa per l'origine. Studiare la funzione $F$, individuandone eventuali simmetrie, asintoti, estremi. Provare che $F$ presenta due flessi nei punti di ascisse

$$t = \pm \frac{\sqrt{2}}{2} a$$

e determinare le pendenze delle rette tangenti al grafico di $F$ in tali punti.

## 2.3.4 Richiesta 4

Con le opportune motivazioni, dedurre il grafico di $f$ da quello di $F$, specificando cosa rappresentano le ascisse dei punti di flesso di $F$ per la funzione $f$. Calcolare l'area della regione compresa tra il grafico di $f$, l'asse delle ascisse e le rette parallele all'asse delle ordinate passanti per gli estremi della funzione. Fissato $b > 0$, calcolare il valore di

$$\int_{-b}^{b} f(t)\, dt.$$

## 2.4 Svolgimento $P_2$ ordinaria 2019

Scriviamo il modulo del campo magnetico fornito

$$|\vec{B}| = \frac{kt}{\sqrt{(t^2 + a^2)^3}} r, \qquad r \leq R,$$

le dimensioni di $a$ devono essere le stesse di $t$ (che è un tempo e si misura in secondi) essendo sommati i quadrati di entrambe. Per cui

$$[a] = [t] = \text{s}.$$

L'analisi dimensionale permette di scrivere

$$[B] = \frac{[k][t]}{\sqrt{[t^2]^3}} [r],$$

si ottiene

$$[k] = \frac{[B][t]^3}{[t][r]} = \frac{[B][t]^2}{[r]} = \frac{\text{T} \cdot \text{s}^2}{\text{m}}.$$

Nel condensatore si genera un campo elettrico variabile nel tempo, dovuto alla d.d.p. variabile nel tempo. A sua volta il campo elettrico variabile genera un campo magnetico grazie all'equazione di Maxwell

$$\oint_\gamma (\vec{B} \cdot d\vec{l}) = \varepsilon_0 \mu_0 \frac{d\phi(\vec{E})}{dt}.$$

La direzione del campo magnetico è perpendicolare alla direzione del campo elettrico. In particolare le linee del campo magnetico sono circonferenze disposte in piani paralleli alle armature del condensatore, con centro sull'asse dello stesso.

Per calcolare la circuitazione richiesta utilizziamo la formula precedente, sapendo che il primo integrale si riduce al prodotto tra il modulo del campo magnetico e la lunghezza della circonferenza

$$|\vec{B}| \cdot 2\pi r = \varepsilon_0 \mu_0 \frac{d\phi(\vec{E})}{dt},$$

da cui la derivata del flusso

$$\frac{d\phi(\vec{E})}{dt} = \frac{2\pi r}{\varepsilon_0 \mu_0} |\vec{B}|.$$

## 2.4 Svolgimento $P_2$ ordinaria 2019

Usando l'espressione del modulo del campo magnetico fornita otteniamo

$$\frac{d\phi(\vec{E})}{dt} = \frac{2\pi r}{\varepsilon_0 \mu_0} \frac{ktr}{\sqrt{(t^2+a^2)^3}},$$

da cui integrando

$$\phi(\vec{E}) = \frac{2\pi r}{\varepsilon_0 \mu_0} \int_0^t \frac{ktr}{\sqrt{(t^2+a^2)^3}} dt.$$

Effettuiamo la sostituzione

$$y = t^2 + a^2,$$

da cui

$$dy = 2t\, dt, \qquad dt = \frac{dy}{2t}$$

e

$$\begin{aligned}
\phi(\vec{E}) &= \frac{\pi k r^2}{\varepsilon_0 \mu_0} \int_{a^2}^{t^2+a^2} \frac{1}{y^{3/2}} dy = \frac{\pi k r^2}{\varepsilon_0 \mu_0} \int_{a^2}^{t^2+a^2} y^{-3/2} dy \\
&= \frac{\pi k r^2}{\varepsilon_0 \mu_0} \left[ \frac{y^{-1/2}}{-1/2} \right]_{a^2}^{t^2+a^2} = -\frac{2\pi k r^2}{\varepsilon_0 \mu_0} \left[ \frac{1}{\sqrt{y}} \right]_{a^2}^{t^2+a^2} \\
&= \frac{2\pi k r^2}{\varepsilon_0 \mu_0} \left( \frac{1}{a} - \frac{1}{\sqrt{t^2+a^2}} \right).
\end{aligned}$$

Il modulo del campo elettrico si ottiene dividendo il flusso per l'area

$$E = \frac{\phi(\vec{E})}{\pi r^2},$$

cioè
$$E = \frac{2k}{\varepsilon_0 \mu_0}\left(\frac{1}{a} - \frac{1}{\sqrt{t^2+a^2}}\right).$$
Per calcolare la d.d.p. tra le armature del condensatore usiamo la formula
$$\Delta V = E \cdot d,$$
dove $d$ è la distanza tra le armature. Otteniamo
$$\Delta V = \frac{2kd}{\varepsilon_0 \mu_0}\left(\frac{1}{a} - \frac{1}{\sqrt{t^2+a^2}}\right).$$
Calcoliamo a quale valore tende il modulo del campo magnetico al passare del tempo. Occorre calcolare il seguente limite
$$\lim_{t \to +\infty} |\vec{B}| = \lim_{t \to +\infty} \frac{ktr}{\sqrt{(t^2+a^2)^3}} = 0,$$
essendo la funzione a denominatore un infinito di ordine superiore rispetto al numeratore.

Osserviamo che dopo molto tempo il campo magnetico diventa nullo, infatti il condensatore si sarà caricato e il campo elettrico diverrà costante.

Consideriamo la funzione
$$f(t) = -\frac{t}{\sqrt{(t^2+a^2)^3}}$$

## 2.4 Svolgimento $P_2$ ordinaria 2019

e mostriamo che la funzione

$$F(t) = \frac{1}{\sqrt{t^2+a^2}} - \frac{1}{a}$$

è una sua primitiva, come richiesto. Intanto scriviamo

$$F(t) = (t^2+a^2)^{-1/2} - \frac{1}{a}$$

e calcoliamone la derivata

$$\begin{aligned}\frac{dF(t)}{dt} &= -\frac{1}{2}(2t)(t^2+a^2)^{-3/2} \\ &= -\frac{t}{\sqrt{(t^2+a^2)^3}} = f(t),\end{aligned}$$

dunque $F(t)$ rappresenta una primitiva di $f(x)$ e in particolare quella che passa per l'origine, infatti

$$F(0) = \frac{1}{\sqrt{0^2+a^2}} - \frac{1}{a} = 0.$$

Effettuiamo lo studio della funzione $F(x)$. Intanto il dominio è tutto il campo dei reali (eventualmente con la limitazione fisica $t > 0$). Calcoliamo

$$F(-t) = \frac{1}{\sqrt{(-t)^2+a^2}} - \frac{1}{a} = \frac{1}{\sqrt{t^2+a^2}} - \frac{1}{a} = F(t)$$

e quindi la funzione è pari. Le intersezioni con l'asse delle ascisse (asse $t$) si trovano risolvendo il sistema

$$\begin{cases} y = 0 \\ y = \frac{1}{\sqrt{t^2+a^2}} - \frac{1}{a} \end{cases},$$

cioè

$$\frac{1}{\sqrt{t^2+a^2}} - \frac{1}{a} = 0, \quad \sqrt{t^2+a^2} = a,$$
$$t^2 + a^2 = a^2, \quad t = 0.$$

Il grafico di $F(t)$ passa per l'origine, come già noto. Inoltre non ci possono essere altri punti di intersezione con l'asse delle ordinate (altrimenti $F(t)$ non sarebbe una funzione).

Osserviamo che la funzione $F(t)$ non è mai positiva, come si può vedere risolvendo la disequazione

$$F(t) > 0,$$

ovvero

$$\frac{1}{\sqrt{t^2+a^2}} - \frac{1}{a} > 0, \quad \frac{1}{\sqrt{t^2+a^2}} > \frac{1}{a},$$

## 2.4 Svolgimento $P_2$ ordinaria 2019

da cui
$$\sqrt{t^2 + a^2} < a,$$

infatti entrambi i membri sono quantità positive, essendo $a > 0$ per ipotesi. Otteniamo

$$t^2 + a^2 < a^2, \quad t^2 < 0,$$

che è impossibile. Dunque

$$F(t) < 0, \quad \forall t \in \mathbb{R}.$$

Calcoliamo i limiti

$$\lim_{t \to \pm\infty} F(t) = \lim_{t \to \pm\infty} \left( \frac{1}{\sqrt{t^2 + a^2}} - \frac{1}{a} \right) = -\frac{1}{a},$$

dunque la funzione $F(t)$ ammette asintoto orizzontale di equazione

$$y = -\frac{1}{a}.$$

La derivata prima di $F(t)$ l'abbiamo calcolata prima, essendo $f(t)$, quindi

$$F'(t) = -\frac{t}{\sqrt{(t^2 + a^2)^3}}.$$

Essendo la quantità a denominatore sempre positiva la disequazione

$$F'(t) > 0$$

diventa semplicemente

$$-t > 0, \quad t < 0.$$

La funzione $F(t)$ è crescente per

$$F(t) \nearrow \quad \text{se } t < 0$$

e decrescente per

$$F(t) \searrow \quad \text{se } t > 0,$$

si ha quindi un massimo in

$$t = 0.$$

Avendo calcolato in precedenza che la funzione passa per l'origine, possiamo affermare che il punto di massimo è l'origine stessa.

## 2.4 Svolgimento $P_2$ ordinaria 2019

Calcoliamo la derivata seconda di $F(t)$

$$\begin{aligned}
F''(t) &= \left(-\frac{t}{\sqrt{(t^2+a^2)^3}}\right)' \\
&= \left(-t(t^2+a^2)^{-3/2}\right)' \\
&= -(t^2+a^2)^{-3/2} - \left(-\frac{3}{2}\right)(2t)t(t^2+a^2)^{-5/2} \\
&= -(t^2+a^2)^{-3/2} - \left(-\frac{3}{2}\right)(2t)t(t^2+a^2)^{-5/2} \\
&= (t^2+a^2)^{-5/2}\left[-(t^2+a^2)+3t^2\right] \\
&= (t^2+a^2)^{-5/2}(2t^2-a^2),
\end{aligned}$$

da cui semplificando

$$F''(t) = \frac{2t^2-a^2}{(t^2+a^2)^{5/2}}.$$

Studiamone il segno risolvendo

$$F''(t) > 0,$$

ovvero

$$\frac{2t^2-a^2}{(t^2+a^2)^{5/2}} > 0, \quad 2t^2-a^2 > 0, \quad t^2 > \frac{a^2}{2},$$

da cui la soluzione

$$t < -\frac{a}{\sqrt{2}} \quad \text{o} \quad t > \frac{a}{\sqrt{2}},$$

o, razionalizzando,

$$t < -\frac{a\sqrt{2}}{2} \quad \text{o} \quad t > \frac{a\sqrt{2}}{2}.$$

La funzione $F(t)$ ha concavità verso l'alto per

$$F(t) \cup \quad \text{se } t < -\frac{a\sqrt{2}}{2} \quad \text{o} \quad t > \frac{a\sqrt{2}}{2}$$

e concavità verso il basso per

$$F(t) \cap \quad \text{se } -\frac{a\sqrt{2}}{2} < t < \frac{a\sqrt{2}}{2},$$

si hanno quindi due punti di flesso di ascisse

$$t = \pm \frac{a\sqrt{2}}{2}$$

e ordinata

$$F\left(\pm\frac{a\sqrt{2}}{2}\right) = \frac{1}{\sqrt{a^2/2 + a^2}} - \frac{1}{a} = \frac{\sqrt{6}-3}{3a},$$

quindi i punti di flesso sono

$$F_1 = \left(-\frac{a\sqrt{2}}{2}, \frac{\sqrt{6}-3}{3a}\right),$$

$$F_2 = \left(\frac{a\sqrt{2}}{2}, \frac{\sqrt{6}-3}{3a}\right).$$

## 2.4 Svolgimento $P_2$ ordinaria 2019

**Figura 2.4.1**

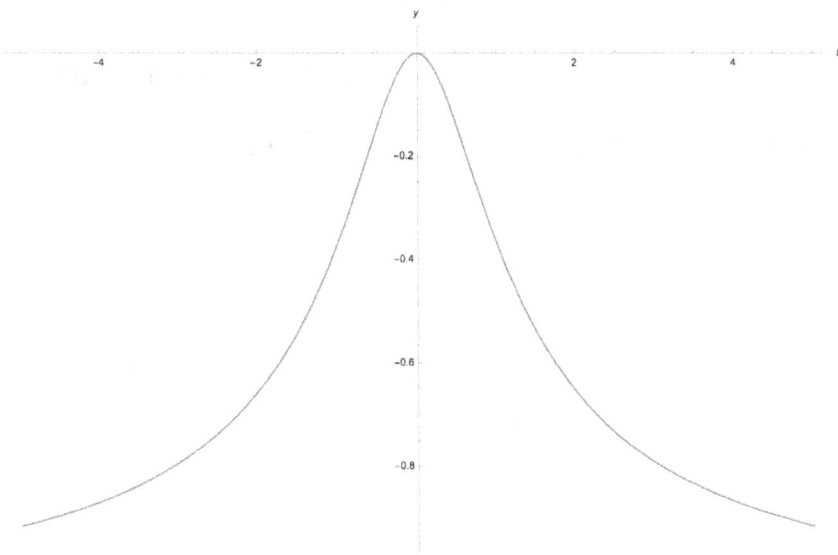

Il grafico della funzione $F(t)$ è mostrato in figura 2.4.1 (avendo scelto un valore arbitrario per $a$). Calcoliamo il coefficiente angolare delle rette tangenti al grafico della funzione $F(t)$ nei punti di flesso. Ricordando che

$$F'(t) = -\frac{t}{\sqrt{(t^2+a^2)^3}},$$

si ha

$$m_1 = F'\left(-\frac{a\sqrt{2}}{2}\right) = -\frac{-a\sqrt{2}/2}{\sqrt{(a^2/2+a^2)^3}} = \frac{2\sqrt{3}}{9a^2},$$

$$m_2 = F'\left(\frac{a\sqrt{2}}{2}\right) = -\frac{a\sqrt{2}/2}{\sqrt{(a^2/2+a^2)^3}} = -\frac{2\sqrt{3}}{9a^2}.$$

La funzione $f(t)$ è la derivata della funzione $F(t)$. Dal grafico di quest'ultima possiamo dedurre che la funzione $f(t)$ è positiva quando $F(t)$ è crescente, negativa quando $F(t)$ è decrescente, cioè $f(t)$ è positiva per

$$f(t) > 0 \quad \text{se } t < 0$$

e negativa per

$$f(t) < 0 \quad \text{se } t > 0,$$

si azzera quindi per

$$t = 0.$$

Inoltre $f(t)$ è crescente dove la funzione $F(t)$ ha concavità verso l'alto e viceversa, cioè $f(t)$ è crescente per

$$f(t) \nearrow \quad \text{se } t < -\frac{a\sqrt{2}}{2} \text{ o } t > \frac{a\sqrt{2}}{2}$$

e decrescente per

$$f(t) \searrow \quad \text{se } -\frac{a\sqrt{2}}{2} < t < \frac{a\sqrt{2}}{2},$$

presenta quindi un massimo in

$$t = -\frac{a\sqrt{2}}{2}$$

e un minimo in

$$t = \frac{a\sqrt{2}}{2}.$$

La funzione $f(t)$ presenta massimo e minimo nei punti di flesso di $F(t)$. Infine $f(t)$ è dispari, essendo $F(t)$ pari. Il grafico di $f(t)$ è mostrato in figura 2.4.2 (sempre avendo scelto arbitrariamente il valore di $a$) Calcoliamo l'area

**Figura 2.4.2**

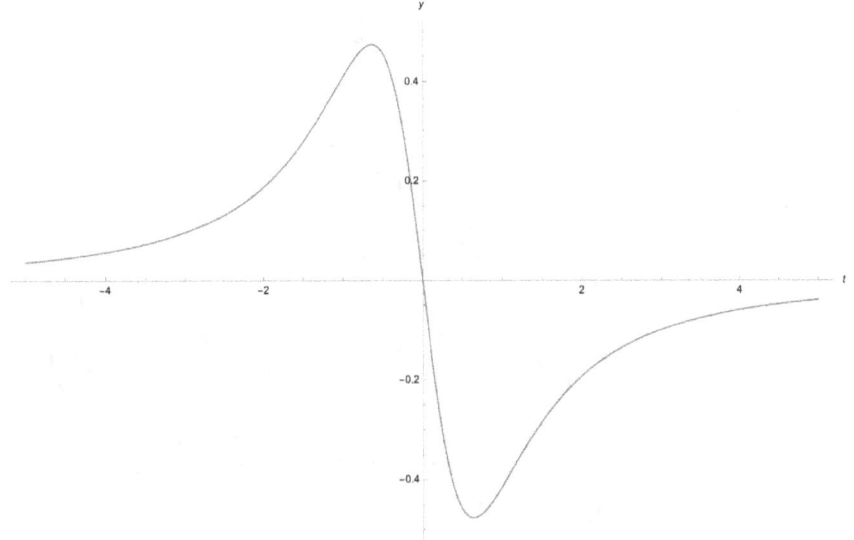

richiesta con l'integrale

$$\text{Area} = \int_{-\frac{a\sqrt{2}}{2}}^{\frac{a\sqrt{2}}{2}} |f(t)|\, dt.$$

Essendo la funzione dispari basta calcolare

$$\text{Area} = 2\int_0^{\frac{a\sqrt{2}}{2}} |f(t)|\,dt = -2\int_0^{\frac{a\sqrt{2}}{2}} f(t)\,dt,$$

essendo la funzione $f(t)$ negativa per valori tra gli estremi dell'integrale. Sappiamo già che una primitiva di $f(t)$ è $F(t)$ quindi

$$\text{Area} = -2\left[F(t)\right]_0^{\frac{a\sqrt{2}}{2}}.$$

Ricordando che

$$F(t) = \frac{1}{\sqrt{t^2+a^2}} - \frac{1}{a},$$

otteniamo

$$\begin{aligned}
\text{Area} &= -2\left[\frac{1}{\sqrt{t^2+a^2}} - \frac{1}{a}\right]_0^{\frac{a\sqrt{2}}{2}} \\
&= -2\left(\frac{1}{\sqrt{a^2/2+a^2}} - \frac{1}{a} - \frac{1}{\sqrt{0^2+a^2}} + \frac{1}{a}\right) \\
&= -2\left(\frac{1}{\sqrt{3/2}\,a} - \frac{1}{a}\right) = \frac{2(3-\sqrt{6})}{3a}.
\end{aligned}$$

Infine l'integrale richiesto

$$\int_{-b}^{b} f(t)\,dt$$

è nullo perché si tratta dell'interale di una funzione dispari in un intervallo simmetrico rispetto all'asse delle ordinate.

## 2.5 Quesiti ordinaria 2019

### 2.5.1 Testo $Q_1$

Una data funzione è esprimibile nella forma

$$f(x) = \frac{p(x)}{x^2+d},$$

dove $d \in \mathbb{R}$ e $p(x)$ è un polinomio. Il grafico di $f$ interseca l'asse $x$ nei punti di ascisse 0 e 12/5 ed ha come asintoti le rette di equazione $x = 3$, $x = -3$ e $y = 5$. Determinare i punti di massimo e di minimo relativi della funzione $f$.

### 2.5.2 Svolgimento $Q_1$

La funzione ammette come asintoto la retta di equazione $y = 5$, pertanto si ha

$$\lim_{x \to \pm\infty} \frac{p(x)}{x^2+d} = 5$$

e si evince che il polinomio $p(x)$ è di secondo grado. Scriviamolo come

$$p(x) = ax^2 + bx + c.$$

Dal limite appena scritto, cioè

$$\lim_{x \to \pm\infty} \frac{ax^2+bx+c}{x^2+d} = 5,$$

si ottiene che la costane a deve valere 5, quindi $a = 5$. Affinché la funzione $f(x)$ ammetta gli asintoti verticali $x = 3$ e $x = -3$ occorre che il suo denominatore si annulli in corrispondenza di tali valori e quindi dall'equazione

$$(\pm 3)^2 + d = 0,$$

si ottiene

$$d = -9,$$

da cui intanto la funzione

$$f(x) = \frac{5x^2 + bx + c}{x^2 - 9}.$$

Sapendo che la funzione $f(x)$ interseca l'asse $x$ nei punti di ascisse 0 e 12/5 allora in corrispondenza di questi valori la funzione si annulla, cioè

$$f(0) = 0, \quad f(12/5) = 0.$$

Si ha

$$f(0) = \frac{c}{-9} = 0,$$

da cui $c = 0$ e

$$0 = f(12/5) = \frac{5(12/5)^2 + b(12/5)}{(12/5)^2 - 9}.$$

Otteniamo
$$\frac{5(12/5)^2 + b(12/5)}{(12/5)^2 - 9} = 0,$$
da cui, semplificando,
$$\frac{144}{5} + \frac{12}{5}b = 0$$
e
$$144 + 12b = 0.$$
Infine
$$b = -\frac{144}{12} = -12,$$
quindi $b = -12$ e la funzione diventa
$$f(x) = \frac{5x^2 - 12x}{x^2 - 9}.$$

### 2.5.3 Testo $Q_2$

È assegnata la funzione
$$g(x) = \sum_{n=1}^{1010} x^{2n-1} = x + x^3 + x^5 + x^7 + \cdots + x^{2017} + x^{2019}.$$
Provare che esiste un solo $x_0 \in \mathbb{R}$ tale che
$$g(x_0) = 0.$$
Determinare inoltre il valore di
$$\lim_{x \to +\infty} \frac{g(x)}{1.1^x}.$$

## 2.5.4 Svolgimento $Q_2$

La funzione assegnata si può scrivere come

$$g(x) = x(1 + x^2 + x^4 + x^6 + \cdots + x^{2016} + x^{2018}).$$

Dunque l'equazione

$$g(x) = x(1 + x^2 + x^4 + x^6 + \cdots + x^{2016} + x^{2018}) = 0,$$

ammette certamente come soluzione

$$x_0 = 0.$$

Per dimostrare che è l'unica soluzione, basta osservare che il secondo fattore a primo membro è una quantità sempre positiva, essendo la somma di 1 e di soli quadrati (che non possono essere negativi). Pertanto

$$x_0 = 0$$

è l'unica soluzione.

Calcoliamo il limite

$$\lim_{x \to +\infty} \frac{g(x)}{1.1^x} = \frac{\infty}{\infty},$$

## 2.5 Quesiti ordinaria 2019

si presenta come forma indeterminata. Il risultato è zero perché il numeratore è un polinomio e il denominatore è un esponenziale con base maggiore di 1. Si può dimostrare anche applicando il teorema di De l'Hopital fintanto che la forma indeterminata non scompare, cioè 2019 volte. Osserviamo che derivando 2019 la funzione $g(x)$ la derivata riguarda solo l'ultimo termine, annullandosi tutti gli altri perché monomi di grado inferiore all'ordine di derivazione. Calcoliamo la derivata 2019 volte

$$\frac{d^{2019}g(x)}{dx^{2019}} = \frac{d^{2019}}{dx^{2019}}x^{2019} = 2019!,$$

che è una costante. Infatti

$$\frac{d}{dx}x^{2019} = 2019 x^{2018},$$

$$\frac{d^2}{dx^2}x^{2019} = 2019\frac{d}{dx}x^{2018} = 2019 \cdot 2018 x^{2017}$$

e così via. La derivata di ordine 2019 della funzione a denominatore, essendo un esponenziale, vale

$$\frac{d^{2019}1.1^x}{dx^{2019}} = (\ln 1.1)^{2019} 1.1^x,$$

infatti ad ogni derivazione si ha come fattore moltiplicativo aggiuntivo il logaritmo della base, cioè

$$\ln 1.1.$$

Quindi il limite si può scrivere come

$$\lim_{x\to+\infty} \frac{g(x)}{1.1^x} = \lim_{x\to+\infty} \frac{2019!}{(\ln 1.1)^{2019} 1.1^x} = 0,$$

come anticipato.

### 2.5.5 Testo $Q_3$

Tra tutti i parallelepipedi rettangoli a base quadrata, con superficie totale di area $S$, determinare quello per cui la somma delle lunghezze degli spigoli è minima.

### 2.5.6 Svolgimento $Q_3$

Consideriamo un parallelepipedo rettangolo a base quadrata. Chiamiamo con $x$ il lato della base e con $h$ l'altezza del parallelepipedo. La superficie totale è data da

$$S = 2x^2 + 4xh = 2x(x+2h),$$

infatti essa è data dalla somma delle due aree di base (aree di due quadrati di lato $x$) e dalle 4 aree delle facce laterali,

## 2.5 Quesiti ordinaria 2019

ciascuna costituita da un rettangolo di base $x$ e altezza $h$. La somma delle lunghezze degli spigoli si scrive

$$L = 8x + 4h.$$

Ricaviamo l'altezza $h$ dalla formula precedente

$$h = \frac{S - 2x^2}{4x}$$

e sostituiamo

$$L = 8x + 4\frac{S - 2x^2}{4x} = \frac{8x^2 + S - 2x^2}{x},$$

da cui

$$L(x) = \frac{6x^2 + S}{x},$$

così facendo abbiamo scritto la somma delle lunghezze degli spigoli in funzione di $x$ che è la lunghezza del lato della base. Per trovare il minimo di questa funzione possiamo calcolarne la derivata prima

$$\begin{aligned} L'(x) &= \frac{(6x^2 + S)'x - (6x^2 + S)}{x^2} \\ &= \frac{12x^2 - 6x^2 - S}{x^2} = \frac{6x^2 - S}{x^2} \end{aligned}$$

e risolvere la disequazione

$$L'(x) > 0,$$

cioè

$$\frac{6x^2-S}{x^2} > 0, \quad 6x^2-S > 0,$$

$$6x^2 > S, \quad x^2 > \frac{S}{6},$$

da cui

$$x < -\sqrt{\frac{S}{6}} \quad \text{o} \quad x > \sqrt{\frac{S}{6}},$$

tenendo conto del fatto che $x$ è positiva otteniamo che la funzione $L(x)$ è crescente per

$$L(x) \nearrow \quad \text{se } x > \sqrt{\frac{S}{6}}$$

e decrescente per

$$L(x) \searrow \quad \text{se } x < \sqrt{\frac{S}{6}},$$

presenta pertanto un minimo in

$$x = \sqrt{\frac{S}{6}}.$$

Calcoliamo l'altezza corrispondente

$$h = \frac{S-2x^2}{4x} = \frac{S-2(S/6)}{4\sqrt{S/6}} = \sqrt{\frac{S}{6}}.$$

Il parallelepipedi rettangolo a base quadrata che ha la somma delle lunghezze degli spigoli minima è quindi un quadrato di lato

$$x = \sqrt{\frac{S}{6}},$$

con $S$ area della superficie totale.

### 2.5.7 Testo $Q_4$

Dati i punti $A = (2, 0, -1)$ e $B = (-2, 2, 1)$, provare che il luogo geometrico dei punti $P$ dello spazio, tali che

$$\overline{PA} = \sqrt{2}\,\overline{PB},$$

è costituito da una superficie sferica $S$ e scrivere la sua equazione cartesiana. Verificare che il punto $T = (-10, 8, 7)$ appartiene a $S$ e determinare l'equazione del piano tangente in $T$ a $S$.

### 2.5.8 Svolgimento $Q_4$

Consideriamo un generico punto $P = (x, y, z)$ dello spazio e calcoliamone le distanze da $A$ e $B$. Usando il teorema di

Pitagora queste si scrivono come

$$\overline{PA} = \sqrt{(x-x_A)^2 + (y-y_A)^2 + (z-z_A)^2},$$
$$\overline{PB} = \sqrt{(x-x_B)^2 + (y-y_B)^2 + (z-z_B)^2}.$$

Sostituiamo i valori forniti

$$\overline{PA} = \overline{PA} = \sqrt{(x-2)^2 + y^2 + (z+1)^2},$$
$$\overline{PB} = \overline{PB} = \sqrt{(x+2)^2 + (y-2)^2 + (z-1)^2}.$$

Scriviamo ora la relazione data dal testo

$$\overline{PA} = \sqrt{2}\,\overline{PB},$$

che diventa, elevando al quadrato,

$$\overline{PA}^2 = 2\,\overline{PB}^2.$$

Sostituendo quanto calcolato

$$(x-2)^2 + y^2 + (z+1)^2 = 2\left[(x+2)^2 + (y-2)^2 + (z-1)^2\right],$$

da cui

$$x^2 + 4 - 4x + y^2 + z^2 + 1 + 2z = 2(x^2 + 4 + 4x + y^2$$
$$+ 4 - 4y + z^2 + 1 - 2z),$$

## 2.5 Quesiti ordinaria 2019

e

$$x^2 - 4x + y^2 + z^2 + 2z + 5 = 2x^2 + 8 + 8x + 2y^2,$$
$$+ 8 - 8y + 2z^2 + 2 - 4z,$$

cioè, semplificando,

$$x^2 - 4x + y^2 + z^2 + 2z + 5 = 2x^2 + 8x + 2y^2 - 8y,$$
$$+ 2z^2 - 4z + 18.$$

Otteniamo l'equazione

$$x^2 + y^2 + z^2 + 12x - 8y - 6z + 13 = 0,$$

che è l'equazione della superficie sferica $S$. Data una superficie sferica di equazione

$$x^2 + y^2 + z^2 + ax + by + cz + d = 0,$$

per il centro e il raggio valgono le formule

$$C = \left(-\frac{a}{2}, -\frac{b}{2}, -\frac{c}{2}\right),$$
$$r = \sqrt{\frac{a^2}{4} + \frac{b^2}{4} + \frac{c^2}{4} - d}.$$

Nel nostro caso

$$a = 12, \quad b = -8, \quad c = -6, \quad d = 13$$

e si hanno
$$C = (-6, 4, 3)$$

e
$$r = \sqrt{\frac{144}{4} + \frac{64}{4} + \frac{36}{4} - 13} = 4\sqrt{3}.$$

Per verificare che il punto $T = (-10, 8, 7)$ appartiene a $S$ sostituiamo nell'equazione di $S$ le coordinate di $T$ e verifichiamo che si ottenga un'identità

$$(-10)^2 + (8)^2 + (7)^2 + 12(-10) - 8(8) - 6(7) + 13 = 0,$$
$$100 + 64 + 49 - 120 - 64 - 42 + 13 = 0,$$
$$213 - 226 + 13 = 0,$$
$$0 = 0 \qquad (2.5.1)$$

e quindi il punto $T$ appartiene a $S$. Per determinare il piano tangente a $S$ in $T$ consideriamo la generica equazione di un piano nello spazio

$$ax + by + cz + d = 0,$$

dove $a$, $b$ e $c$ sono le componenti di un vettore che da la direzione ortogonale al piano stesso. Vogliamo che questo piano sia ortogonale alla retta passante per il centro $C$

## 2.5 Quesiti ordinaria 2019

della sfera e per il punto $T$ dove il piano è a essa tangente. Calcoliamo quindi il vettore che va da $C$ a $T$:

$$\vec{CT} = (x_T - x_C, y_T - y_C, z_T - z_C).$$

Ricordando che

$$C = (-6, 4, 3), \qquad T = (-10, 8, 7),$$

si ha

$$\vec{CT} = (-4, 4, 4),$$

quindi possiamo sostituirle ad $a, b, c$ nell'equazione del piano e ottenere

$$-4x + 4y + 4z + d = 0.$$

Imponiamo il passaggio per il punto $T$

$$-4(-10) + 4(8) + 4(7) + d = 0,$$

da cui

$$d = -(40 + 32 + 28) = -100.$$

L'equazione del piano diventa

$$-4x + 4y + 4z - 100 = 0,$$

o anche, semplificando,

$$x - y - z + 25 = 0.$$

## 2.5.9 Testo $Q_5$

Si lanciano 4 dadi con facce numerate da 1 a 6.

- Qual è la probabilità che la somma dei 4 numeri usciti non superi 5?
- Qual è la probabilità che il prodotto dei 4 numeri usciti sia multiplo di 3?
- Qual è la probabilità che il massimo numero uscito sia 4?

## 2.5.10 Svolgimento $Q_5$

Per la prima richiesta si osservi che gli unici esiti che la soddisfano sono i seguenti

$$(1,1,1,1),$$
$$(2,1,1,1),$$
$$(1,2,1,1),$$
$$(1,1,2,1),$$
$$(1,1,1,2).$$

Si hanno quindi 5 casi favorevoli. I casi possibili si calcolano sapendo che con ogni lancio possono uscire 6 numeri

## 2.5 Quesiti ordinaria 2019

indipendentemente dall'esito degli altri dadi. Quindi i casi possibili sono

$$6^4 = 1296.$$

La probabilità associata alla prima richiesta è dunque

$$P_1 = \frac{5}{6^4} = \frac{5}{1296} \simeq 0.39\%.$$

Per la seconda richiesta osserviamo che l'unico modo per cui il prodotto dei 4 numeri usciti sia multiplo di 3 è che tra i 4 numeri ci sia il 3 o il 6. La probabilità per cui questo accada, detta $P_2$ è data da

$$P_2 = 1 - \overline{P}_2,$$

cioè è data da 1 meno la probabilità del suo evento contrario. L'evento contrario accade quando non esce né il 3 né il 6 nel lancio dei 4 dadi. I casi favorevoli sono dati dal numero di modi di disporre i 4 numeri rimanenti nelle 4 posizioni (ciascuna associata a un dado), cioè

$$4^4 = 256.$$

I casi possibili sono sempre

$$6^4 = 1296,$$

per cui la probabilità che non esca né il 3 né il 6 in un lancio di 4 dadi è data da

$$\overline{P}_2 = \frac{4^4}{6^4} = \frac{256}{1296} = \frac{16}{81} \simeq 19.75\%,$$

da cui la probabilità della seconda richiesta

$$P_2 = 1 - \overline{P}_2 = \frac{64}{81} \simeq 80.25\%.$$

Per calcolare la probabilità della terza richiesta, osserviamo che occorre contare quanti sono i lanci di 4 dadi in cui il numero massimo che esce sia il 4 e sottrarre il numero di lanci in cui il numero massimo uscito è il 3. Così facendo, si conta il numero di lanci in cui il numero 4 compare almeno una volta e non compare nessun numero più grande di 4. Il numero di lanci in cui il numero massimo uscito è il 4 vale

$$4^4 = 256,$$

mentre, analogamente, il numero di lanci in cui il numero massimo uscito è il 3 vale

$$3^4 = 81.$$

# 2.5 Quesiti ordinaria 2019

La probabilità cercata si calcola dal rapporto tra la differenza di questi due conteggi (come spiegato sopra) e il numero di casi possibili, che coincide con quello usato anche nelle richieste precedenti. Si ha

$$P_3 = \frac{4^4 - 3^4}{6^4} = \frac{175}{1296} \simeq 13.50\%.$$

## 2.5.11 Testo $Q_6$

Una spira di rame, di resistenza $R = 4.0$ m$\Omega$ racchiude un'area di 30 centimetri quadrati ed è immersa in un campo magnetico uniforme, le cui linee di forza sono perpendicolari alla superficie della spira. La componente del campo magnetico perpendicolare alla superficie varia nel tempo come indicato in figura. Spiegare la relazione esistente tra la variazione del campo che induce la corrente e il verso della corrente indotta. Calcolare la corrente media che passa nella spira durante i seguenti intervalli di tempo:

- da 0.0 ms a 3.0 ms;
- da 3.0 ms a 5.0 ms;
- da 5.0 ms a 10 ms.

## 2.5.12 Svolgimento $Q_6$

La f.e.m. indotta nella spira dalla presenza del campo magnetico è data da

$$\text{fem} = -\frac{d\phi(\vec{B})}{dt},$$

dove $\phi(\vec{B})$ è il flusso del campo magnetico sulla spira. Il campo è ortogonale all'area della spira e quindi il flusso si scrive semplicemente

$$\phi(\vec{B}) = \int \vec{B} \cdot d\vec{A} = BA,$$

dove $A$ è l'area racchiusa dalla spira, ovvero

$$A = 30 \text{ cm}^2 = 0.003 \text{ m}^2.$$

Scriviamo la fem indotta

$$\text{fem} = -A\frac{dB(t)}{dt},$$

da cui la corrente (legge di Ohm)

$$i(t) = \frac{fem}{R} = -\frac{A}{R}\frac{dB(t)}{dt},$$

con

$$R = 4.0 \text{ m}\Omega = 0.004 \text{ }\Omega.$$

## 2.5 Quesiti ordinaria 2019

L'andamento del modulo del campo magnetico nel tempo è indicato nella figura del testo. Quando il campo magnetico diminuisce la corrente indotta avrà verso tale da creare un campo magnetico concorde con $B$, e viceversa. La corrente media, in valore assoluto, è data da

$$i_m = -\frac{A}{R}\frac{\Delta B}{\Delta t}.$$

Sostituendo i valori numerici e osservando la figura fornita nel testo, possiamo calcolare la corrente media che passa nella spira nel primo intervallo di tempo (da 0.0 ms a 3.0 ms)

$$|i_{1m}| = \frac{0.003}{0.004}\frac{0.0002}{0.003} \, \text{A} = 0.05 \, \text{A},$$

infatti si hanno

$$B(0.0 \, \text{ms}) = 0 \, \text{mT} \quad B(3.0 \, \text{ms}) = -0.20 \, \text{mT}.$$

Analogamente per il secondo intervallo di tempo (da 3.0 ms a 5.0 ms)

$$|i_{2m}| = \frac{0.003}{0.004}\frac{0.0002 - (-0.0002)}{0.002} \, \text{A} = 0.15 \, \text{A},$$

avendo usato

$$B(3.0 \, \text{ms}) = -0.20 \, \text{mT} \quad B(5.0 \, \text{ms}) = 0.20 \, \text{mT}.$$

Infine per il terzo intervallo di tempo (da 5.0ms a 10ms)

$$|i_{3m}| = \frac{0.003}{0.004} \frac{|0 - 0.0002|}{0.005} \, \text{A} = 0.03 \, \text{A},$$

dove

$$B(5.0 \text{ ms}) = 0.20 \text{ mT} \quad B(10 \text{ ms}) = 0 \text{ mT}.$$

### 2.5.13 Testo $Q_7$

In laboratorio si sta osservando il moto di una particella che si muove nel verso positivo dell'asse $x$ di un sistema di riferimento ad esso solidale. All'istante iniziale, la particella si trova nell'origine e in un intervallo di tempo di 2.0 ns percorre una distanza di 25 cm. Una navicella passa con velocità

$$v = 0.80 \, c$$

lungo la direzione $x$ del laboratorio, nel verso positivo, e da essa si osserva il moto della stessa particella. Determinare le velocità medie della particella nei due sistemi di riferimento. Quale intervallo di tempo e quale distanza misurerebbe un osservatore posto sulla navicella?
Velocità della luce:

$$c = 3 \cdot 10^8 \text{ m/s}.$$

## 2.5.14 Svolgimento $Q_7$

Calcoliamo intanto la velocità della particella nel sistema in quiete con il laboratorio, detto sistema $S$. Si ha

$$v_p = \frac{25 \text{ cm}}{2 \text{ ns}} = \frac{2.5 \cdot 10^{-1} \text{ m}}{2 \cdot 10^{-9} \text{ s}} = 1.25 \cdot 10^8 \text{ m/s}.$$

Sia $S'$ il sistema della navicella, la velocità della particella rispetto a $S'$ si calcola con la nota formula relativistica di addizione delle velocità

$$v'_p = \frac{v_p - v}{1 - \frac{v_p v}{c^2}},$$

dove $c$ è la velocità della luce nel vuoto che possiamo scrivere come

$$c = 3 \cdot 10^8 \text{ m/s}$$

e dove $v$ è la velocità del sistema $S'$ rispetto al sistema $S$, cioè

$$v = 0.80 \, c = 2.4 \cdot 10^8 \text{ m/s}.$$

Sostituendo i dati si ottiene

$$v'_p = \frac{1.25 \cdot 10^8 - 2.4 \cdot 10^8}{1 - \frac{1.25 \cdot 2.4 \cdot 10^{16}}{9 \cdot 10^{16}}} \text{ m/s} = -1.73 \cdot 10^8 \text{ m/s}.$$

Osserviamo che la particelle si muove nel verso negativo delle ascisse rispetto al sistema $S'$.

Calcoliamo il fattore di Lorentz tra i sistemi $S$ e $S'$

$$\gamma = \frac{1}{\sqrt{1 - v^2/c^2}} = \frac{1}{\sqrt{1 - 0.8^2}} = 1.67 \,.$$

L'evento, in $S$, associato alla presenza della particella in un certo punto iniziale ha coordinate

$$E_1 \to \begin{cases} x_1 = 0 \\ t_1 = 0 \end{cases},$$

mentre l'evento associato alla presenza della particella nel punto finale dopo aver percorso 25 centimetri in 2 nanosecondi ha coordinate

$$E_2 \to \begin{cases} x_2 = 0.25 \text{ m} \\ t_2 = 2 \cdot 10^{-9} \text{ s} \end{cases}.$$

Nel sistema $S'$ possiamo porre

$$E'_1 \to \begin{cases} x'_1 = 0 \\ t'_1 = 0 \end{cases},$$

dove abbiamo assunto che all'istante iniziali le origini dei sistemi $S$ e $S'$ coincidano. Le coordinate di $E_2$ nel sistema $S'$ sono date dalle trasformazioni di Lorentz

$$\begin{cases} x'_2 = \gamma(x_2 - vt_2) \\ t'_2 = \gamma(t_2 - vx_2/c^2) \end{cases},$$

da cui

$$\begin{cases} x'_2 = 1.67(0.25 - 2.4 \cdot 10^8 \cdot 2 \cdot 10^{-9}) \text{ m} \\ t'_2 = 1.67\left[2 \cdot 10^{-9} - 2.4 \cdot 10^8 \cdot 0.25/(9 \cdot 10^{16})\right] \text{ s} \end{cases}.$$

Svolgendo i calcoli si ottiene

$$\begin{cases} x'_2 = -0.38 \text{ m} \\ t'_2 = 2.2 \cdot 10^{-9} \text{ s} \end{cases},$$

da cui la distanza percorsa dalla particella in $S'$

$$|\Delta x'| = |x'_2 - x'_1| = 38 \text{ cm}$$

e l'intervallo di tempo impiegato

$$|\Delta t'| = |t'_2 - t'_1| = 2.2 \text{ ns}.$$

## 2.5.15 Testo $Q_8$

Un protone penetra in una regione di spazio in cui è presente un campo magnetico uniforme di modulo $|\vec{B}| = 1.00\,\text{mT}$. Esso inizia a muoversi descrivendo una traiettoria ad elica cilindrica, con passo costante

$$\Delta x = 38.1\,\text{cm},$$

ottenuta dalla composizione di un moto circolare uniforme di raggio $r = 10.5\,\text{cm}$ e di un moto rettilineo uniforme. Determinare il modulo del vettore velocità e l'angolo che esso forma con $\vec{B}$.

Carica elementare:

$$e = 1.602 \cdot 10^{-19}\,\text{C}.$$

Massa del protone:

$$m_p = 1.673 \cdot 10^{-27}\,\text{kg}.$$

## 2.5.16 Svolgimento $Q_8$

Fissiamo un sistema di riferimento tale che il campo magnetico sia orientato lungo l'asse delle $x$ in verso positivo.

## 2.5 Quesiti ordinaria 2019

Scomponiamo la velocità del protone nelle sue componenti cartesiane

$$\begin{cases} v_x = v\cos\theta \\ v_y = v\sin\theta \end{cases},$$

dove $\theta$ è l'angolo che il vettore velocità del protone forma con l'asse delle $x$ e coincide anche con l'angolo formato con la direzione del vettore campo magnetico, essendo quest'ultimo parallelo all'asse delle ascisse.
Sul protone agisce la forza di Lorentz

$$\vec{F}_L = e\vec{v} \times \vec{B},$$

dove $e$ è la carica elettrica del protone (carica elettrica fondamentale). Il modulo della forza di Lorentz vale

$$F_L = evB\sin\theta = eBv_y.$$

Questa forza è responsabile del moto circolare uniforme di velocità $v_y$ ed è quindi di tipo centripeto. Scriviamo quindi

$$\frac{mv_y^2}{r} = eBv_y,$$

dove $r$ è il raggio del moto circolare e $m$ la massa del protone, da cui

$$\frac{mv_y}{r} = eB.$$

Il passo dell'elica ci fornisce lo spostamento effettuato perpendicolarmente al piano in cui avviene il moto circolare, in un tempo pari a un giro completo. Il periodo di rotazione è dato da

$$T = \frac{2\pi r}{v_y},$$

per cui, il passo dell'elica si scrive come

$$\Delta x = v_x \cdot T = v_x \cdot \frac{2\pi r}{v_y},$$

da cui

$$\frac{v_y}{v_x} = \frac{2\pi r}{\Delta x}.$$

Sostituendo i dati a disposizione, cioè

$$\Delta x = 38.1 \text{ cm} = 0.381 \text{ m}$$

e

$$r = 10.5 \text{ cm} = 0.105 \text{ m},$$

## 2.5 Quesiti ordinaria 2019

si ottiene
$$\frac{v_y}{v_x} = \frac{2\pi \cdot 0.105}{0.381} = 1.73.$$

Questo è anche il valore della tangente dell'angolo θ

$$\tan\theta = \frac{v_y}{v_x} = 1.73,$$

da cui

$$\theta = 60°.$$

Recuperiamo la formula ricavata in precedenza

$$\frac{mv_y}{r} = eB, \qquad \frac{mv\sin\theta}{r} = eB,$$

da cui il modulo della velocità

$$v = \frac{eBr}{m\sin\theta}.$$

Sostituiamo i valori numerici, con

$$B = 1.00 \text{ mT} = 10^{-3} \text{ T}$$

e otteniamo

$$v = \frac{1.602 \cdot 10^{-19} \cdot 10^{-3} \cdot 0.105}{1.673 \cdot 10^{-27} \sin 60°} = 11610 \text{ m/s}.$$

## 2.6 Testo $P_1$ simulazione 28/02/2019

Assegnate due costanti reali $a$ e $b$ (con $a > 0$), si consideri la funzione $q(t)$ così definita:

$$q(t) = at \cdot e^{bt}.$$

### 2.6.1 Richiesta 1

A seconda dei possibili valori di $a$ e $b$, discutere se nel grafico della funzione $q$ è presente un punto di massimo o di minimo. Determinare i valori di $a$ e $b$ in corrispondenza dei quali il grafico della funzione $q(t)$, in un piano cartesiano di coordinate $(t, y)$, ha un massimo nel punto

$$B\left(2, \frac{8}{e}\right).$$

### 2.6.2 Richiesta 2

Assumendo, d'ora in avanti, di avere

$$a = 4, \quad b = -\frac{1}{2},$$

studiare la funzione

$$q(t) = 4t \cdot e^{-\frac{t}{2}},$$

verificando, in particolare, che si ha un flesso nel punto

$$F = \left(4, \frac{16}{e^2}\right).$$

Determinare l'equazione della retta tangente al grafico nel punto $F$.

### 2.6.3 Richiesta 3

Supponendo che la funzione $q(t)$ rappresenti, per

$$t \geq 0,$$

la carica elettrica (misurata in C) che attraversa all'istante di tempo $t$ (misurato in s) la sezione di un certo conduttore, determinare le dimensioni fisiche delle costanti $a$ e $b$ sopra indicate. Sempre assumendo

$$a = 4, \qquad b = -12,$$

esprimere l'intensità di corrente $i(t)$ che fluisce nel conduttore all'istante $t$; determinare il valore massimo ed il valore minimo di tale corrente e a quale valore essa si assesta col trascorrere del tempo.

### 2.6.4 Richiesta 4

Indicando, per $t_0 \geq 0$ con $Q(t_0)$ la carica totale che attraversa la sezione del conduttore in un dato intervallo di tempo

$$[0, t_0],$$

determinare a quale valore tende $Q(t_0)$ per $t_0 \to +\infty$. Supponendo che la resistenza del conduttore sia $R = 3 \, \Omega$ scrivere (senza poi effettuare il calcolo), un integrale che fornisca l'energia dissipata nell'intervallo di tempo

$$[0, t_0].$$

## 2.7 Svolgimento $P_1$ simulazione 28/02/2019

La funzione

$$q(t) = at\, e^{bt}$$

è continua e derivabile in tutto il campo dei reali essendo il prodotto tra una funzione lineare e una funzione esponenziale a loro volta continue e derivabili in tutto $\mathbb{R}$. Calcoliamo la derivata prima della funzione

$$q'(t) = (at)' e^{bt} + at(e^{bt})' = a e^{bt} + abt\, e^{bt} = a e^{bt}(1 + bt).$$

## 2.7 Svolgimento $P_1$ simulazione 28/02/2019

Risolviamo la disequazione

$$q'(t) > 0; \qquad ae^{bt}(1+bt) > 0.$$

Dal testo si ha che $a > 0$, inoltre sappiamo che l'esponenziale è sempre positivo, dunque dobbiamo risolvere, nella variabile $t$,

$$1 + bt > 0.$$

Se $b = 0$ la funzione è sempre crescente ($1 > 0$) e infatti la funzione diventa

$$q(t) = at,$$

non ci sono quindi né massimi né minimi.

Se $b > 0$ la funzione è crescente per

$$q(t) \nearrow \quad \text{se } t > -\frac{1}{b}$$

e decrescente per

$$q(t) \searrow \quad \text{se } t < -\frac{1}{b},$$

si ha quindi un minimo in

$$t = -\frac{1}{b}.$$

Se $b < 0$ la funzione è crescente per

$$q(t) \nearrow \quad \text{se } t < -\frac{1}{b}$$

e decrescente per

$$q(t) \searrow \quad \text{se } t > -\frac{1}{b},$$

si ha quindi un massimo in

$$t = -\frac{1}{b},$$

Sapendo che il massimo è nel punto

$$B = \left(2, \frac{8}{e}\right),$$

dobbiamo porre, per l'ascissa,

$$-\frac{1}{b} = 2,$$

da cui

$$b = -\frac{1}{2}.$$

Per trovare il valore di $a$, occorre imporre la condizione di passaggio della funzione $q(t)$ per il punto $B$, cioè risolvere

$$\frac{8}{e} = q(2) = a \cdot 2 \cdot e^{2b}.$$

## 2.7 Svolgimento $P_1$ simulazione 28/02/2019

Sostituendo il valore di b trovato,

$$\frac{8}{e} = 2a e^{-1}, \quad \frac{8}{e} = \frac{2a}{e}, \quad 8 = 2a,$$

da cui $a = 4$ e la funzione iniziale, sostituendo i valori di $a$ e $b$ trovati, diventa

$$q(t) = 4t e^{-t/2}.$$

Dobbiamo ora effettuare lo studio di questa funzione. Il dominio è tutto $\mathbb{R}$, come discusso in precedenza. Calcoliamo le intersezioni della funzione con gli assi cartesiani (in questo caso l'asse delle ascisse è $t$, mentre quello delle ordinate è $q$).
Per gli eventuali punti di intersezione con l'asse delle ascisse dobbiamo risolvere il sistema

$$\begin{cases} q = 0 \\ q = 4t e^{-t/2} \end{cases} ; \quad 4t e^{-t/2} = 0,$$

da cui

$$t = 0.$$

Dunque la funzione $q(t)$ interseca gli assi cartesiani nell'origine

$$O = (0,0).$$

Sapendo che una funzione può intersecare l'asse delle ordinate al massimo in un punto, possiamo concludere che l'origine è l'unico punto di intersezione della funzione con gli assi cartesiani, senza risolvere anche l'altro sistema. Studiamo il segno della funzione risolvendo la disequazione

$$q(t) > 0; \quad 4t\, e^{-t/2} > 0,$$

da cui, essendo l'esponenziale sempre positivo,

$$t > 0.$$

La funzione è quindi positiva per

$$q(t) > 0 \quad \text{se } t > 0$$

e negativa per

$$q(t) < 0 \quad \text{se } t < 0.$$

Lo studio della derivata prima si basa sulla risoluzione della disequazione

$$q'(t) > 0,$$

che è stata risolta in precedenza, ottenendo

$$t < 2,$$

infatti avevamo ottenuto

$$t < -\frac{1}{b},$$

con

$$b = -\frac{1}{2}.$$

Dunque la funzione è crescente per

$$q(t) \nearrow \quad \text{se } t < 2$$

e decrescente per

$$q(t) \searrow \quad \text{se } t > 2,$$

mentre presenta un massimo nel punto

$$B = \left(2, \frac{8}{e}\right).$$

Studiamo la derivata seconda risolvendo la disequazione

$$q''(t) > 0.$$

Intanto scriviamo la derivata prima della funzione $q(t)$, avevamo trovato all'inizio

$$q'(t) = ae^{bt}(1+bt),$$

sostituendo i valori di $a$ e $b$ trovati si ottiene

$$q'(t) = 4e^{-t/2}\left(1 - \frac{t}{2}\right).$$

Calcoliamo la derivata seconda di $q(t)$

$$\begin{aligned}q''(t) &= (4e^{-t/2})'\left(1-\frac{t}{2}\right) + 4e^{-t/2}\left(1-\frac{t}{2}\right)' \\ &= 4\cdot\left(-\frac{1}{2}\right)e^{-t/2}\left(1-\frac{t}{2}\right) + 4e^{-t/2}\cdot\left(-\frac{1}{2}\right) \\ &= -2e^{-t/2}\left(1-\frac{t}{2}\right) - 2e^{-t/2} \\ &= -2e^{-t/2}\left(1-\frac{t}{2}+1\right) = 2e^{-t/2}\left(\frac{t}{2}-2\right).\end{aligned}$$

Risolviamo la disequazione

$$q''(t) > 0, \quad 2e^{-t/2}\left(\frac{t}{2}-2\right) > 0, \quad \frac{t}{2}-2 > 0,$$
$$\frac{t}{2} > 2; \quad t > 4.$$

Il grafico della funzione ha concavità verso l'alto per

$$q(t) \cup \quad \text{se } t > 4,$$

mentre ha concavità verso il basso per

$$q(t) \cap \quad \text{se } t < 4.$$

## 2.7 Svolgimento $P_1$ simulazione 28/02/2019

Si ha un punto di flesso di ascissa $t = 4$. Per calcolare l'ordinata di questo punto basta calcolare $q(4)$, cioè

$$q(4) = 4 \cdot 4 e^{-4/2} = 16 e^{-2} = \frac{16}{e^2}.$$

Il punto di flesso è

$$F = \left(4, \frac{16}{e^2}\right).$$

Per completare lo studio di funzione, verifichiamo la presenza eventuale di asintoti orizzontali o obliqui calcolando i limiti

$$\lim_{t \to +\infty} q(t) = \lim_{t \to +\infty} 4t e^{-t/2} = \lim_{t \to +\infty} \frac{4t}{e^{t/2}} = \frac{\infty}{\infty}.$$

Sappiamo che l'esponenziale per t che tende a più infinito è un infinito di ordine superiori a qualsiasi potenza e quindi il limite del rapporto è 0. In alternativa, usando il teorema di De l'Hopital

$$\begin{aligned}\lim_{t \to +\infty} q(t) &= \lim_{t \to +\infty} \frac{4t}{e^{t/2}} = \lim_{t \to +\infty} \frac{(4t)'}{(e^{t/2})'} \\ &= \lim_{t \to +\infty} \frac{4}{1/2 \, e^{t/2}} = \lim_{t \to +\infty} \frac{8}{e^{t/2}} = 0,\end{aligned}$$

si ha quindi un asintoto orizzontale di equazione

$$q = 0.$$

Calcoliamo l'altro limite

$$\lim_{t \to -\infty} q(t) = \lim_{t \to -\infty} 4t\, e^{-t/2} = (-\infty)(+\infty) = -\infty,$$

la funzione non ammette sintomo orizzontale per $t$ che tende a meno infinito. Verifichiamo l'eventuale presenza di asintoto obliquo calcolando

$$\lim_{t \to -\infty} \frac{q(t)}{t} = \lim_{t \to -\infty} 4e^{-t/2} = +\infty,$$

la funzione non ammette nemmeno asintoto obliquo.
In figura 2.7.1 il grafico della funzione $q(t)$.

**Figura 2.7.1**

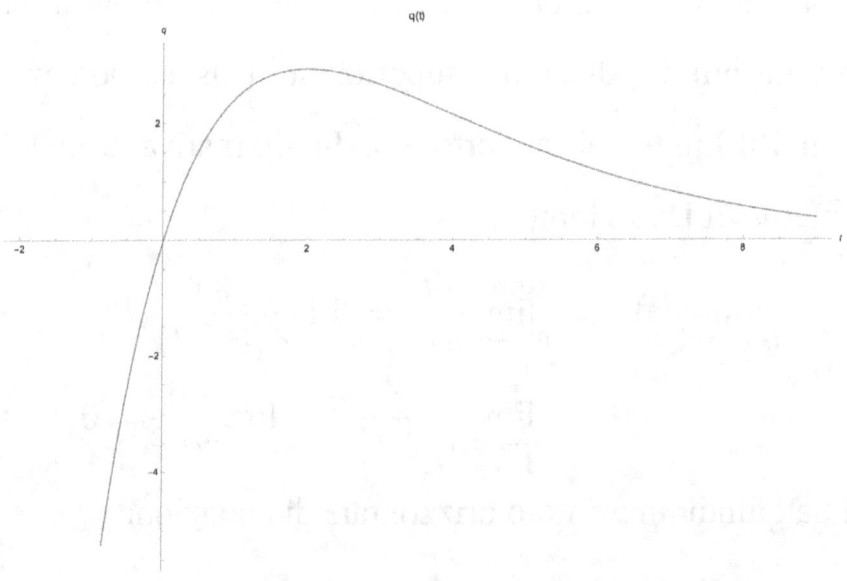

## 2.7 Svolgimento $P_1$ simulazione 28/02/2019

Per calcolare l'equazione della retta tangente alla funzione

$$q(t) = 4t\, e^{-t/2},$$

nel punto di flesso

$$F = \left(4, \frac{16}{e^2}\right),$$

calcoliamone il coefficiente angolare

$$m = q'(4) = 4e^{-4/2}\left(1 - \frac{4}{2}\right) = 4e^{-2}(1-2),$$

da cui

$$m = -\frac{4}{e^2}.$$

L'equazione della retta tangente assume quindi la forma

$$q = mt + k,$$

cioè

$$q = -\frac{4}{e^2} t + k,$$

dove $k$ è una costante (detta intercetta) da determinare imponendo che la retta passi per il punto $F$ in cui è tangente alla funzione. Si ha

$$\frac{16}{e^2} = -\frac{4}{e^2} \cdot 4 + k, \quad \frac{16}{e^2} = -\frac{16}{e^2} + k,$$

$$k = \frac{16}{e^2} + \frac{16}{e^2} = \frac{32}{e^2},$$

la retta cercata ha equazione

$$q = -\frac{4}{e^2}t + \frac{32}{e^2}.$$

Supponendo che la funzione $q(t)$ iniziale

$$q(t) = at\, e^{bt},$$

rappresenti una carica elettrica, dovendo essere l'esponenziale adimensionale

$$[e^{bt}] = 1,$$

si ha che le dimensioni del fattore che lo moltiplica devono essere le stesse di $q$, cioè il Coulomb (C):

$$[a \cdot t] = C,$$

da cui, sapendo che il tempo si misura in secondi (s),

$$[a] \cdot [t] = C, \quad [a] \cdot s = C, \quad [a] = \frac{C}{s} = A,$$

dunque le dimensioni della costante a sono quelle di una corrente elettrica, cioè l'Ampere (A). Per determinare le dimensioni della costante $b$ si procede osservando che non

## 2.7 Svolgimento $P_1$ simulazione 28/02/2019

solo l'esponenziale deve essere adimensionale, ma anche il suo esponente, in questo caso

$$[b \cdot t] = 1.$$

Analogamente a prima

$$[b] \cdot [t] = 1, \quad [b] \cdot \text{s} = 1, \quad [b] = \frac{1}{\text{s}} = \text{s}^{-1} = \text{Hz},$$

ovvero la costante $b$ ha le dimensioni di un tempo alla meno uno, cioè di una frequenza che si misura in Hertz (Hz).

Torniamo ora all'espressione

$$q(t) = 4t\, e^{-t/2},$$

l'intensità di corrente $i(t)$ si calcola come derivata della carica elettrica $q(t)$ nel tempo, cioè

$$i(t) = q'(t) = 4e^{-t/2}\left(1 - \frac{t}{2}\right),$$

che avevamo calcolato in precedenza. Per trovarne eventuali punti di massimo e minimo risolviamo la disequazione

$$i'(t) > 0,$$

che abbiamo già risolto, essendo equivalente a risolvere

$$q''(t) > 0.$$

Riportiamo comunque i passaggi

$$i'(t) > 0, \quad 2e^{-t/2}\left(\frac{t}{2} - 2\right) > 0, \quad \frac{t}{2} - 2 > 0,$$
$$\frac{t}{2} > 2, \quad t > 4.$$

La funzione intensità di corrente $i(t)$ è dunque crescente per

$$i(t) \nearrow \quad \text{se } t > 4$$

e decrescente per

$$i(t) \searrow \quad \text{se } t < 4,$$

mentre presenta un minimo nel punto di ascissa $t = 4$. L'ordinata di questo punto, detto $A$, è

$$i(4) = 4e^{-4/2}\left(1 - \frac{4}{2}\right) = 4e^{-2}(1 - 2) = -\frac{4}{e^2},$$

quindi

$$A = \left(4, -\frac{4}{e^2}\right).$$

## 2.7 Svolgimento $P_1$ simulazione 28/02/2019

Il dominio di $i(t)$ è

$$i(t) \to D = [0; +\infty)$$

e quindi il punto $B$ di ascissa $t = 0$ è un candidato a punto di massimo, essendo la funzione decrescente nell'intervallo $[0,4)$. Questo punto ha ordinata

$$i(0) = 4e^{-0/2}\left(1 - \frac{0}{2}\right) = 4,$$

per cui si ha

$$B = (0, 4).$$

Studiamo il segno di $i(t)$, si ha

$$i(t) > 0, \quad 4e^{-t/2}\left(1 - \frac{t}{2}\right) > 0,$$

$$1 - \frac{t}{2} > 0, \quad \frac{t}{2} < 1, \quad t < 2.$$

La funzione è positiva per

$$i(t) > 0 \quad \text{se } t < 2$$

e negativa per

$$i(t) < 0 \quad \text{se } t > 2.$$

Si deduce che il punto $B$ è effettivamente un punto di massimo assoluto, infatti la funzione, per $t > 4$ è crescente, ma comunque negativa.

Riassumendo, il valore massimo della corrente elettrica $i(t)$ è

$$i_{\max} = 0,$$

in corrispondenza del punto

$$B = (0,4),$$

mentre il suo valore minimo è

$$i_{\min} = -\frac{4}{e^2},$$

in corrispondenza del punto

$$A = \left(4, -\frac{4}{e^2}\right).$$

Per trovare il valore a cui si assesta la corrente al passare del tempo basta calcolare il limite

$$\lim_{t \to +\infty} i(t) = \lim_{t \to +\infty} \left[4e^{-t/2}\left(1 - \frac{t}{2}\right)\right] = \lim_{t \to +\infty} \frac{4 - 2t}{e^{t/2}} = \frac{\infty}{\infty}.$$

Il limite fa 0 osservando la gerarchia degli infiniti. In ogni caso, usando il teorema di De L'Hopital,

$$\lim_{t \to +\infty} \frac{4 - 2t}{e^{t/2}} = \lim_{t \to +\infty} \frac{(4 - 2t)'}{(e^{t/2})'} = \lim_{t \to +\infty} \frac{-2}{1/2 \, e^{t/2}}$$

$$= \lim_{t \to +\infty} \frac{-4}{e^{t/2}} = 0.$$

## 2.7 Svolgimento $P_1$ simulazione 28/02/2019

Il valore $a$ cui si assesta la corrente al passare del tempo è 0.

La carica totale che attraversa la sezione del conduttore in un dato intervallo di tempo

$$[0, t_0],$$

è data dalla funzione integrale

$$Q(t_0) = \int_0^{t_0} i(t)\, dt.$$

Sappiamo che una primitiva della corrente $i(t)$ è la carica $q(t)$

$$q(t) = 4t\, e^{-t/2},$$

infatti, per definizione,

$$q'(t) = i(t).$$

L'integrale diventa

$$Q(t_0) = \left[ 4t\, e^{-t/2} \right]_0^{t_0} = 4t_0\, e^{-t_0/2} - 4 \cdot 0 \cdot e^{-0/2},$$

da cui

$$Q(t_0) = 4t_0\, e^{-t_0/2},$$

cioè in definitiva

$$Q(t_0) = q(t_0).$$

Calcoliamo il limite

$$\lim_{t_0 \to +\infty} Q(t_0) = 4t_0 e^{-t_0/2} = 0,$$

come avevamo già mostrato in precedenza con il risultato

$$\lim_{t \to +\infty} q(t) = 0.$$

L'energia dissipata $E$ nell'intervallo di tempo

$$[0, t_0],$$

detta $R$ la resistenza del conduttore con

$$R = 3\,\Omega,$$

si calcola con l'integrale

$$E = \int_0^{t_0} P(t)\,dt = \int_0^{t_0} i^2(t) R\,dt,$$

dove $P(t)$ è la potenza al tempo $t$. Infatti si ha

$$P(t) = i^2(t) R.$$

L'integrale richiesto diventa

$$E = 3\int_0^{t_0} i^2(t)\,dt = 3\int_0^{t_0}\left[4e^{-t/2}\left(1-\frac{t}{2}\right)\right]^2 dt,$$

cioè

$$\begin{aligned}E &= 3\int_0^{t_0}\left[4e^{-t/2}\left(\frac{2-t}{2}\right)\right]^2 dt \\ &= 3\int_0^{t_0}\left[2e^{-t/2}(2-t)\right]^2 dt = 12\int_0^{t_0} e^{-t}(2-t)^2\,dt.\end{aligned}$$

## 2.8 Testo $P_2$ simulazione 28/02/2019

Una carica elettrica puntiforme

$$Q_1 = 4q,$$

(con $q$ positivo) è fissata nell'origine O di un sistema di riferimento nel piano O$xy$ (dove $x$ e $y$ sono espressi in m). Una seconda carica elettrica puntiforme

$$Q_2 = q$$

è vincolata a rimanere sulla retta $r$ di equazione

$$y = 1.$$

## 2.8.1 Richiesta 1

Supponendo che la carica $Q_2$ sia collocata nel punto

$$A = (0, 1),$$

provare che esiste un unico punto $P$ del piano nel quale il campo elettrostatico generato dalle cariche $Q_1$ e $Q_2$ è nullo. Individuare la posizione del punto $P$ e discutere se una terza carica collocata in $P$ si trova in equilibrio elettrostatico stabile oppure instabile.

## 2.8.2 Richiesta 2

Verificare che, se la carica $Q_2$ si trova nel punto della retta $r$ avente ascissa $x$, l'energia potenziale elettrostatica del sistema costituito da $Q_1$ e $Q_2$ è data da

$$U(x) = k\frac{4q^2}{\sqrt{1+x^2}},$$

dove $k$ è una costante positiva con unità di misura:

$$\text{N m}^2/\text{C}^2.$$

## 2.8.3 Richiesta 3

Studiare la funzione $U(x)$ per $x \in \mathbb{R}$, specificandone eventuali simmetrie, asintoti, massimi o minimi, flessi. Quali sono i coefficienti angolari delle tangenti nei punti di flesso?

### 2.8.4 Richiesta 4

A partire dal grafico della funzione $U$, tracciare il grafico della funzione $U'$, specificandone le eventuali proprietà di simmetria. Determinare il valore di

$$\int_{-m}^{m} U'(x)\,dx,$$

(dove $m > 0$ indica l'ascissa del punto di minimo di $U'$).

## 2.9 Svolgimento $P_2$ simulazione 28/02/2019

La carica $Q_1$ (positiva) è posta nell'origine

$$O = (0,0),$$

mentre la carica $Q_2$ (anch'essa positiva) è posta, per la richiesta 1, nel punto

$$A = (0,1).$$

Essendo le due cariche positive i campi elettrostatici generati hanno verso uscente da ciascuna carica e dunque il punto in cui il campo elettrostatico totale (somma vettoriale dei due campi) è nullo deve appartenere al segmento che congiunge le due cariche cioè deve essere un punto del tipo

$$P = (0, y),$$

con

$$0 < y < 1.$$

Il modulo del campo elettrostatico generato dalla prima carica, $Q_1$, nel punto $P$ è dato da

$$E_1 = k \frac{Q_1}{|(0-0)^2 + (y-0)^2|} = k \frac{4q}{y^2},$$

dove abbiamo usato il valore fornito per la carica $Q_1$. Analogamente il modulo del campo elettrostatico generato dalla seconda carica, $Q_2$, nel punto $P$ vale

$$E_2 = k \frac{Q_2}{|(0-0)^2 + (y-1)^2|} = k \frac{q}{(y-1)^2}.$$

Affinché il campo totale sia nullo nel punto $P$ i moduli dei due campi devono essere uguali, cioè

$$E_1 = E_2,$$

## 2.9 Svolgimento $P_2$ simulazione 28/02/2019

da cui

$$k\frac{4q}{y^2} = k\frac{q}{(y-1)^2}, \quad \frac{4}{y^2} = \frac{1}{(y-1)^2},$$

$$4(y-1)^2 = y^2, \quad 4y^2 - 8y + 4 = y^2,$$

$$3y^2 - 8y + 4 = 0,$$

Calcoliamone il delta

$$\Delta = (-8)^2 - 4(3)(4) = 64 - 48 = 16,$$

da cui le soluzioni

$$y_{1,2} = \frac{8 \pm \sqrt{16}}{6} = \frac{4 \pm 2}{3}.$$

Ricordando la condizione

$$0 < y < 1,$$

l'unica soluzione accettabile è

$$y = \frac{2}{3}.$$

Ponendo una terza carica $Q_3$ nel punto $P$, supponendo sia positiva, essa si trova in una posizione di equilibrio instabile perché una variazione della sua posizione la allontanerebbe dalla configurazione iniziale.

Passiamo ora alla richiesta 2, in questo caso la carica $Q_2$ è posta sulla retta $r$ di equazione

$$y = 1$$

e ha ascissa $x$, è posta dunque nel punto

$$B = (x, 1).$$

L'energia potenziale del sistema costituito dalle cariche $Q_1$ (posta nell'origine) e $Q_2$ è data

$$U(x) = k \frac{Q_1 Q_2}{\sqrt{(x-0)^2 + (1-0)^2}} = k \frac{4q^2}{\sqrt{x^2+1}}.$$

Effettuiamo lo studio della funzione $U(x)$ energia potenziale del sistema

$$U(x) = \frac{4q^2 k}{\sqrt{x^2+1}}.$$

Il dominio è tutto l'insieme dei reali $D = \mathbb{R}$. Calcoliamo

$$U(-x) = \frac{4q^2 k}{\sqrt{(-x)^2+1}} = \frac{4q^2 k}{\sqrt{x^2+1}} = U(x)$$

e dunque la fusione è pari.

L'intersezione della funzione con l'asse delle ascisse si

ottiene risolvendo il sistema

$$\begin{cases} y = 0 \\ y = \frac{4q^2 k}{\sqrt{x^2+1}} \end{cases},$$

da cui

$$\frac{4q^2 k}{\sqrt{x^2+1}} = 0,$$

che non ammette soluzione essendo

$$4q^2 k > 0$$

e dunque la funzione non interseca l'asse delle ascisse. Per trovare l'eventuale punto di intersezione della funzione con l'asse delle ordinate risolviamo il sistema

$$\begin{cases} x = 0 \\ y = \frac{4q^2 k}{\sqrt{x^2+1}} \end{cases},$$

da cui

$$y = \frac{4q^2 k}{\sqrt{0^2+1}} = 4q^2 k > 0.$$

Per cui la funzione $U(x)$ interseca l'asse delle ordinate nel punto

$$C = (0, 4q^2 k).$$

Studiamo il segno della funzione risolvendo la disequazione

$$y > 0,$$

cioè

$$\frac{4q^2k}{\sqrt{x^2+1}} > 0,$$

vera per ogni $x$. Dunque la funzione è sempre positiva. Non essendoci punti esclusi dal dominio la funzione non ammette asintoti verticali. Calcoliamo i limiti

$$\lim_{x \to \pm\infty} U(x) = \lim_{x \to \pm\infty} \frac{4q^2k}{\sqrt{x^2+1}} = 0$$

e quindi la funzione ammette asintoto orizzontale di equazione

$$y = 0.$$

Calcoliamo la derivata prima della funzione $U(x)$

$$\begin{aligned} U'(x) &= \left(\frac{4q^2k}{\sqrt{x^2+1}}\right)' = 4q^2k\left((x^2+1)^{-1/2}\right)' \\ &= -\frac{1}{2}4q^2k(x^2+1)^{-3/2}(2x) \\ &= -4q^2kx(x^2+1)^{-3/2} \\ &= -4q^2k\frac{x}{\sqrt{(x^2+1)^3}}. \end{aligned}$$

## 2.9 Svolgimento $P_2$ simulazione 28/02/2019

Studiamone il segno risolvendo

$$U'(x) > 0,$$

cioè

$$-4q^2 k \frac{x}{\sqrt{(x^2+1)^3}} > 0,$$

da cui

$$x < 0.$$

La funzione $U(x)$ è dunque crescente per

$$U(x) \nearrow \quad \text{se } x < 0$$

e decrescente per

$$U(x) \searrow \quad \text{se } x > 0,$$

si ha quindi un massimo in

$$x = 0,$$

in cui l'energia potenziale vale

$$U_{\max} = 4q^2 k.$$

Calcoliamo la derivata seconda della funzione $U(x)$ derivandone la derivata prima

$$\begin{aligned}U''(x) &= \left(-4q^2k\frac{x}{\sqrt{(x^2+1)^3}}\right)' \\ &= -4q^2k\left(x(x^2+1)^{-3/2}\right)' \\ &= -4q^2k\left((x^2+1)^{-3/2} - \frac{3}{2}x(x^2+1)^{-5/2}(2x)\right) \\ &= -4q^2k(x^2+1)^{-3/2}\left(1 - 3x^2(x^2+1)^{-1}\right).\end{aligned}$$

Studiamone il segno risolvendo

$$U''(x) > 0,$$

cioè

$$-4q^2k(x^2+1)^{-3/2}\left(1 - 3x^2(x^2+1)^{-1}\right) > 0,$$

$$1 - \frac{3x^2}{x^2+1} < 0, \quad \frac{x^2+1-3x^2}{x^2+1} < 0,$$

$$\frac{-2x^2+1}{x^2+1} < 0, \quad -2x^2+1 < 0,$$

$$2x^2 - 1 > 0, \quad x^2 > \frac{1}{2},$$

da cui la soluzione

$$x < -\frac{1}{\sqrt{2}} \quad \text{o} \quad x > \frac{1}{\sqrt{2}},$$

## 2.9 Svolgimento $P_2$ simulazione 28/02/2019

che, razionalizzando, diventa

$$x < -\frac{\sqrt{2}}{2} \quad \text{o} \quad x > \frac{\sqrt{2}}{2}.$$

Il grafico della funzione $U(x)$ ha quindi concavità verso l'alto per

$$U(x) \ \cup \quad \text{se } x < -\frac{\sqrt{2}}{2} \quad \text{o} \quad x > \frac{\sqrt{2}}{2},$$

mentre ha concavità verso il basso per

$$U(x) \ \cap \quad \text{se } -\frac{\sqrt{2}}{2} < x < \frac{\sqrt{2}}{2}.$$

I punti di flesso hanno ascisse

$$\pm\frac{\sqrt{2}}{2}$$

e ordinata

$$U\left(\pm\frac{\sqrt{2}}{2}\right) = \frac{4q^2 k}{\sqrt{1/2+1}} = \frac{4q^2 k \sqrt{2}}{\sqrt{3}}.$$

Razionalizzando, i punti di flesso sono

$$F_1 = \left(-\frac{\sqrt{2}}{2}, \frac{4q^2 k \sqrt{6}}{3}\right),$$

$$F_2 = \left(\frac{\sqrt{2}}{2}, \frac{4q^2 k \sqrt{6}}{3}\right).$$

**Figura 2.9.1**

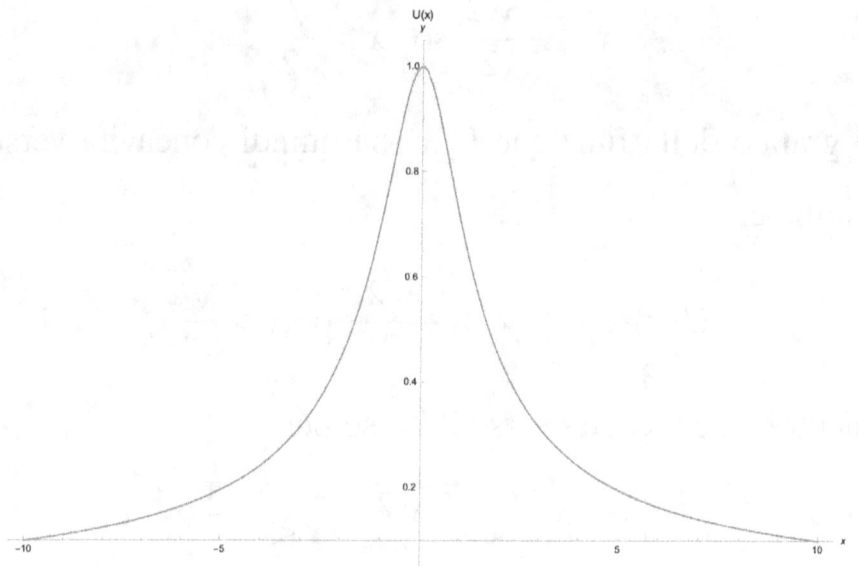

Il grafico di $U(x)$ è mostrato in figura 2.9.1, dove abbiamo assegnato a $q$ un valore arbitrario.

Calcoliamo il coefficiente angolare della retta tangente al primo punto di flesso. Si ha

$$m_1 = U'\left(-\frac{\sqrt{2}}{2}\right) = -4q^2 k \frac{-\sqrt{2}/2}{\sqrt{(1/2+1)^3}}.$$

e, semplificando,

$$m_1 = \frac{8\sqrt{3}}{9} q^2 k.$$

## 2.9 Svolgimento $P_2$ simulazione 28/02/2019

Analogamente il coefficiente angolare della retta tangente al secondo punto di flesso è

$$m_2 = U'\left(\frac{\sqrt{2}}{2}\right) = -4q^2k\frac{\sqrt{2}/2}{\sqrt{(1/2+1)^3}},$$

da cui

$$m_2 = -\frac{8\sqrt{3}}{9}q^2k.$$

Partendo dal grafico di $U(x)$ possiamo dedurre per il grafico di $U'(x)$ che passa per l'origine, essendo il punto di ascissa $x = 0$ un massimo per $U(x)$. La funzione $U'(x)$ è positiva quando $U(x)$ è crescente e $U'(x)$ è negativa quando $U(x)$ è decrescente. $U'(x)$ è crescente dove $U(x)$ ha concavità verso l'alto, viceversa $U'(x)$ è decrescente dove $U(x)$ ha concavità verso il basso. Inoltre $U'(x)$ presenterà massimi e minimi nei punti di flesso di $U(x)$. Infine, essendo $U(x)$ pari allora $U'(x)$ sarà dispari. L'integrale richiesto è

$$\int_{-m}^{m} U'(x)\,dx = 0,$$

infatti, essendo la funzione $U'(x)$ dispari, qualsiasi suo integrale in un intervallo simmetrico rispetto all'asse delle $y$ è nullo.

## 2.10 Quesiti simulazione 28/02/2019

### 2.10.1 Testo $Q_1$

Determinare i valori di $a$ e $b$ in modo che la funzione $g : \mathbb{R} - \{3\} \to \mathbb{R}$

$$g(x) = \begin{cases} 3 - ax^2 & \text{per } x \leq 1 \\ \frac{b}{x-3} & \text{per } x > 1 \end{cases},$$

sia derivabile in tutto il suo dominio. Tracciare i grafici delle funzioni $g$ e $g'$.

### 2.10.2 Svolgimento $Q_1$

Le costanti vanno determinate imponendo che la funzione sia continua e derivabile in tutto il dominio. Iniziamo con la continuità. Il primo ramo della funzione

$$3 - ax^2$$

è un polinomio ed è quindi continua e derivabile in tutto il dominio. La funzione nel secondo ramo

$$\frac{b}{x-3}$$

## 2.10 Quesiti simulazione 28/02/2019

è anch'essa continua e derivabile in tutto il dominio specificato. L'unico punto in cui potrebbe essere non continua la funzione è quello di raccordo tra i due rami cioè quello di ascissa x=1. Imponiamo la continuità ponendo

$$\lim_{x \to 1^-} g(x) = \lim_{x \to 1^+} g(x) = g(1).$$

Calcoliamo separatamente

$$\lim_{x \to 1^-} g(x) = \lim_{x \to 1^-} (3 - ax^2) = 3 - a,$$

$$\lim_{x \to 1^+} g(x) = \lim_{x \to 1^+} \frac{b}{x-3} = \frac{b}{1-3} = -\frac{b}{2},$$

$$g(1) = 3 - a \cdot 1^2 = 3 - a,$$

da cui la prima equazione

$$3 - a = -\frac{b}{2},$$

che si può scrivere anche come

$$6 - 2a = -b,$$

$$b = 2a - 6.$$

Per la derivabilità analogamente poniamo

$$\lim_{x \to 1^-} g'(x) = \lim_{x \to 1^+} g'(x),$$

con

$$g'(x) = \begin{cases} -2ax & \text{per } x < 1 \\ -\frac{b}{(x-3)^2} & \text{per } x > 1 \end{cases},$$

infatti la derivata di

$$\frac{b}{x-3}$$

è

$$\left(\frac{b}{x-3}\right)' = \left[b(x-3)^{-1}\right]' = b(-1)(x-3)^{-2}.$$

Calcoliamo i limiti separatamente

$$\lim_{x\to 1^-} g'(x) = \lim_{x\to 1^-} (-2ax) = -2a,$$

$$\lim_{x\to 1^+} g'(x) = \lim_{x\to 1^-} \left(-\frac{b}{(x-3)^2}\right) = -\frac{b}{4},$$

che portano alla seconda equazione

$$-2a = -\frac{b}{4},$$

cioè

$$b = 8a.$$

Le due equazioni trovate, da risolvere per ottenere i valori di $a$ e $b$, sono

$$\begin{cases} b = 2a - 6 \\ b = 8a \end{cases}.$$

## 2.10 Quesiti simulazione 28/02/2019

Risolviamo

$$8a = 2a - 6, \qquad 6a = -6$$

e otteniamo

$$a = -1.$$

Dalla seconda equazione del sistema

$$b = 8a = 8 \cdot (-1) = -8.$$

Quindi i valori di $a$ e $b$ per cui la funzione $g(x)$ è continua e derivabile in tutto il dominio sono

$$\begin{cases} a = -1 \\ b = -8 \end{cases}.$$

La funzione diventa

$$g(x) = \begin{cases} 3 + x^2 & \text{per } x \leq 1 \\ -\frac{8}{x-3} & \text{per } x > 1 \end{cases}$$

e la sua derivata si scrive

$$g'(x) = \begin{cases} 2x & \text{per } x \leq 1 \\ \frac{8}{(x-3)^2} & \text{per } x > 1 \end{cases}.$$

Il grafico della funzione

$$y = 3 + x^2$$

è facilmente designabile, essendo una parabola. Analogamente per

$$y = 2x,$$

essendo una retta. Il grafico della funzione

$$y = -\frac{8}{x-3}$$

è riconducibile a quello di un'iperbole equilatera, e presenta un asintoto verticale di equazione

$$x = 3,$$

con

$$\lim_{x \to 3^-} \left( -\frac{8}{x-3} \right) = +\infty,$$

$$\lim_{x \to 3^+} \left( -\frac{8}{x-3} \right) = -\infty$$

e un asintoto orizzontale di equazione

$$y = 0$$

## 2.10 Quesiti simulazione 28/02/2019

con

$$\lim_{x \to \pm\infty} \left( -\frac{8}{x-3} \right) = 0.$$

Infine il grafico della funzione

$$y = \frac{8}{(x-3)^2},$$

si può ottenere da quello della funzione

$$y = \frac{1}{x-3},$$

sapendo che si ha un asintoto verticale di equazione

$$x = 3,$$

con

$$\lim_{x \to 3^-} \frac{8}{(x-3)^2} = +\infty,$$

$$\lim_{x \to 3^+} \frac{8}{(x-3)^2} = +\infty$$

e un asintoto orizzontale di equazione

$$y = 0,$$

con

$$\lim_{x \to \pm\infty} \frac{8}{(x-3)^2} = 0.$$

Il grafico di $g(x)$ è mostrato in figura 2.10.1, mentre quello di $g'(x)$ è mostrato in figura 2.10.2.

**Figura 2.10.1**

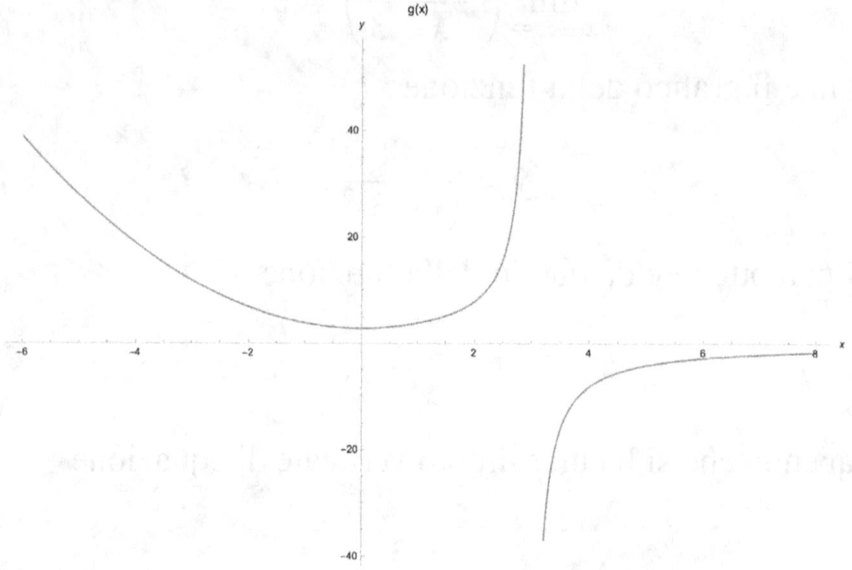

## 2.10.3 Testo $Q_2$

Sia $R$ la regione piana compresa tra l'asse $x$ e la curva di equazione

$$y = 2e^{1-|x|}.$$

Provare che, tra i rettangoli inscritti in $R$ e aventi un lato sull'asse $x$, quello di area massima ha perimetro minimo ed è un quadrato.

## 2.10 Quesiti simulazione 28/02/2019

**Figura 2.10.2**

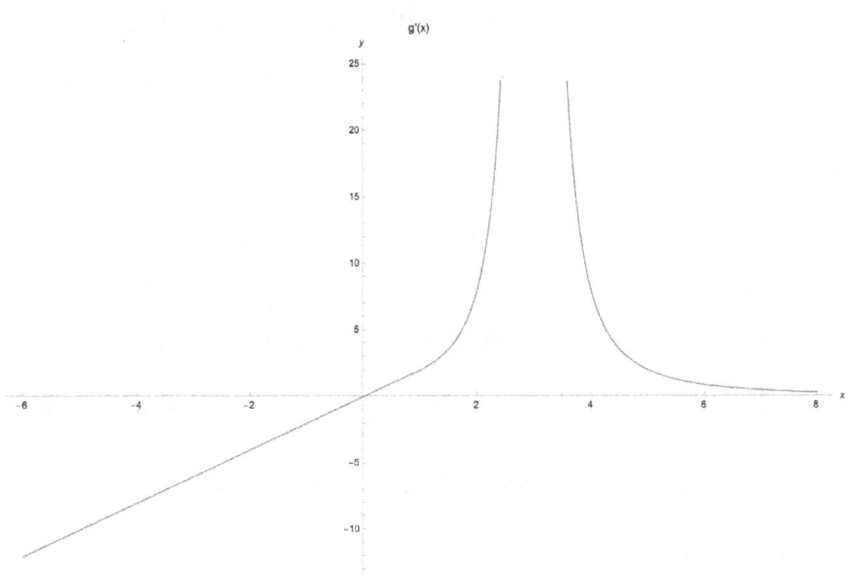

### 2.10.4 Svolgimento $Q_2$

Intanto osserviamo che la curva di equazione

$$y = 2e^{1-|x|}$$

è una funzione pari, infatti si ha

$$y(-x) = 2e^{1-|-x|} = 2e^{1-|x|} = y(x).$$

Possiamo quindi limitarci, per il grafico, a considerare la funzione

$$f(x) = 2e^{1-x}, \quad x > 0,$$

infatti nel semipiano delle ascisse negative il grafico sarà speculare rispetto all'asse delle y. Si tratta di un esponenziale decrescente, il cui grafico è facilmente tracciabile, infatti

$$f(x) = 2e^{1-x} = 2e \cdot e^{-x}.$$

Un rettangolo inscritto nella regione delimitata dall'asse delle ascisse e dalla curva fornita avrà per base inferiore un segmento dell'asse delle ascisse con i due punti di vertice del tipo

$$A = (-x, 0), \qquad B = (x, 0),$$

con $x > 0$ da determinare, mentre i vertici della base superiore si ottengono da

$$C = (-x, 2e^{1-x}), \qquad D = (x, 2e^{1-x}),$$

dovendo appartenere alla curva. L'area e il perimetro del rettangolo valgono

$$A = 2x \cdot 2e^{1-x} = 4xe^{1-x},$$
$$P = 2x + 2x + 2e^{1-x} + 2e^{1-x} = 4(x + e^{1-x}).$$

Per individuare il rettangolo di area massima calcoliamo la derivata dell'area rispetto a $x$

$$\frac{dA}{dx} = 4e^{1-x} - 4xe^{1-x} = 4e^{1-x}(1-x),$$

e studiamone il segno

$$\frac{dA}{dx} > 0 \rightarrow 4e^{1-x}(1-x) > 0.$$

Essendo l'esponenziale sempre positivo si deve risolvere

$$1 - x > 0, \quad x < 1.$$

Dunque la funzione area è crescente per

$$A(x) \nearrow \quad \text{se } x < 1$$

e decrescente per

$$A(x) \searrow \quad \text{se } x > 1$$

e dunque in $x = 1$ sarà massima. Calcoliamo i lati del rettangolo di area massima

$$\overline{AB} = 2x = 2 \cdot 1 = 2,$$

$$\overline{BD} = 2e^{1-x} = 2e^{1-1} = 2$$

e si tratta quindi di un quadrato. Consideriamo la funzione che descrive il perimetro

$$P = 4(x + e^{1-x}).$$

Calcoliamo la derivata del perimetro rispetto a $x$

$$\frac{dP}{dx} = 4(1 - e^{1-x}),$$

studiamone il segno

$$\frac{dP}{dx} > 0 \quad \rightarrow \quad 4(1 - e^{1-x}) > 0,$$

cioè

$$1 - e^{1-x} > 0, \quad e^{1-x} < 1, \quad e^{1-x} < e^0,$$
$$1 - x < 0, \quad x > 1.$$

Dunque la funzione perimetro è crescente per

$$P(x) \nearrow \quad \text{se } x > 1$$

e decrescente per

$$P(x) \searrow \quad \text{se } x < 1$$

e dunque in $x = 1$ sarà minima.

## 2.10.5 Testo $Q_3$

Una scatola contiene 16 palline numerate da 1 a 16.

- Se ne estraggono 3, una alla volta, rimettendo ogni volta nella scatola la pallina estratta. Qual è la probabilità che il primo numero estratto sia 10 e gli altri due minori di 10?
- Se ne estraggono 5 contemporaneamente. Qual è la probabilità che il più grande dei numeri estratti sia uguale a 13?

## 2.10.6 Svolgimento $Q_3$

Calcoliamo la probabilità che il primo estratto sia 10. Essendo le palline numerate in tutto 16, la probabilità è data da

$$P_1 = \frac{1}{16}.$$

La probabilità che il secondo numero estratto (avendo reinserito la pallina estratta precedentemente) sia minore di 10 è data da

$$P_2 = \frac{9}{16},$$

infatti ci sono 9 palline con numeri inferiori a 10 nella scatola con 16 palline. Analogamente la probabilità che il terzo numero estratto (avendo reinserito le palline estratte precedentemente) sia minore di 10 è data da

$$P_3 = \frac{9}{16}.$$

La probabilità che il primo numero estratto sia 10 e gli altri due minori di 10 è data dal prodotto

$$P = P_1 P_2 P_3 = \frac{1}{16} \cdot \frac{9}{16} \cdot \frac{9}{16} = \frac{81}{4096} \simeq 1.98\%.$$

Estraendo 5 numeri, i casi favorevoli, cioè quelli in cui il numero più grande estratto dei 5 numeri sia 13 equivalgono al numero di combinazioni dei numeri da 1 a 12 nei rimanenti 4 posti (essendo un posto occupato dal numero 13, che è il più grande) cioè

$$\binom{12}{4} = \frac{12!}{4!8!} = \frac{12 \cdot 11 \cdot 10 \cdot 9}{4 \cdot 3 \cdot 2} = 495,$$

mentre i casi possibili sono le combinazioni di tutti i 16 numeri disponibili in 5 posti, ovvero

$$\binom{16}{5} = \frac{16!}{5!11!} = \frac{16 \cdot 15 \cdot 14 \cdot 13 \cdot 12}{5 \cdot 4 \cdot 3 \cdot 2} = 4368.$$

Il loro rapporto fornisce la probabilità che estraendone 5 contemporaneamente il più grande dei numeri estratti sia uguale a 13, cioè

$$P = \frac{495}{4368} = \frac{165}{1456} \simeq 11.33\%.$$

### 2.10.7 Testo $Q_4$

Scrivere, giustificando la scelta effettuata, una funzione razionale

$$y = \frac{s(x)}{t(x)},$$

dove $s(x)$ e $t(x)$ sono polinomi, tale che il grafico della funzione:

- incontri l'asse $x$ nei punti di ascissa $-1$ e $2$ e sia ad esso tangente in quest'ultimo punto;
- abbia asintoti verticali di equazioni x=-3 e x=1;
- passi per il punto P=(7,10).

Rappresentare, qualitativamente, il grafico della funzione trovata.

## 2.10.8 Svolgimento $Q_4$

Affinché la funzione razionale incontri l'asse $x$ nei punti di ascissa $-1$ e $2$ e sia ad esso tangente in quest'ultimo punto possiamo scegliere il numeratore nel modo seguente

$$s(x) = k(x+1)(x-2)^2,$$

dove $k$ è una costante arbitraria che fisseremo con a condizione di passaggio per il punto fornito. Questo numeratore soddisfa

$$s(-1) = s(2) = 0,$$

mentre il quadrato è legato alla radice doppia in x=2 dove il grafico sarà tangente all'asse $x$.

Gli asintoti verticali possono essere inclusi scegliendo il denominatore in questo modo

$$t(x) = (x+3)(x-1).$$

Infatti considerando la funzione razionale che si ottiene

$$y = \frac{s(x)}{t(x)} = \frac{k(x+1)(x-2)^2}{(x+3)(x-1)},$$

si osserva subito che

$$\lim_{x \to -3} \frac{k(x+1)(x-2)^2}{(x+3)(x-1)} = \infty$$

## 2.10 Quesiti simulazione 28/02/2019

e
$$\lim_{x \to 1} \frac{k(x+1)(x-2)^2}{(x+3)(x-1)} = \infty.$$

Fissiamo la costante k affinché la funzione passi per il punto
$$P = (7, 10).$$

Si ha
$$10 = \frac{k(7+1)(7-2)^2}{(7+3)(7-1)},$$

da cui
$$10 = \frac{8 \cdot 25k}{10 \cdot 6}, \quad 10 = \frac{20k}{6}, \quad 60 = 20k, \quad k = 3.$$

Quindi la funzione che soddisfa le richieste è
$$y = \frac{3(x+1)(x-2)^2}{(x+3)(x-1)}.$$

Per il grafico probabile occorre effettuare uno studio di funzione. In questo caso ci viene richiesto un grafico qualitativo, basta quindi svolgere solo alcuni passaggi dello studio di funzione completo.

Il dominio è
$$D = \mathbb{R} - \{-3, 1\},$$

i punti di intersezione con l'asse delle ascisse si ottengono risolvendo il sistema

$$\begin{cases} y = 0 \\ y = \frac{3(x+1)(x-2)^2}{(x+3)(x-1)} \end{cases},$$

ma in questo caso sono già noti e sono i punti

$$A = (-1, 0) \qquad B = (2, 0).$$

Per l'eventuale punto di intersezione con l'asse delle ordinate occorre risolvere il sistema

$$\begin{cases} x = 0 \\ y = \frac{3(x+1)(x-2)^2}{(x+3)(x-1)} \end{cases},$$

che fornisce

$$y = \frac{3(0+1)(0-2)^2}{(0+3)(0-1)} = \frac{12}{-3} = -4,$$

dunque il punto è

$$C = (0, -4).$$

Lo studio del segno della funzione si effettua risolvendo la disequazione

$$y > 0,$$

## 2.10 Quesiti simulazione 28/02/2019

cioè

$$\frac{3(x+1)(x-2)^2}{(x+3)(x-1)} > 0,$$

o anche

$$\frac{(x+1)(x-2)^2}{(x+3)(x-1)} > 0.$$

Calcoliamo il segno dei vari fattori

$$N_1 : x+1 > 0, \quad x > -1,$$
$$N_2 : (x-2)^2 > 0, \quad x \neq 2,$$
$$D_1 : x+3 > 0, \quad x > -3,$$
$$D_2 : x-1 > 0, \quad x > 1.$$

Da cui, mettendo insieme i risultati, si ottiene che la funzione è positiva, $y > 0$, se

$$-3 < x < -1 \text{ o } 1 < x < 2 \text{ o } x > 2$$

Calcoliamo ora i limiti per la ricerca di asintoti. Sappiamo già che si hanno due asintoti verticali, calcoliamo comunque i limiti destro e sinistro

$$\lim_{x \to -3^+} \frac{3(x+1)(x-2)^2}{(x+3)(x-1)} = \frac{3(-2)(-5)^2}{(0^+)(-4)} = \frac{-150}{(0^+)(-4)} = +\infty,$$

$$\lim_{x \to -3^-} \frac{3(x+1)(x-2)^2}{(x+3)(x-1)} = \frac{3(-2)(-5)^2}{(0^-)(-4)} = \frac{-150}{(0^-)(-4)} = -\infty,$$

$$\lim_{x \to 1^+} \frac{3(x+1)(x-2)^2}{(x+3)(x-1)} = \frac{3(2)(-1)^2}{(4)(0^+)} = \frac{6}{(4)(0^+)} = +\infty,$$

$$\lim_{x \to 1^-} \frac{3(x+1)(x-2)^2}{(x+3)(x-1)} = \frac{3(2)(-1)^2}{(4)(0^-)} = \frac{6}{(4)(0^-)} = -\infty.$$

Per eventuali asintoti orizzontali o obliqui calcoliamo i limiti

$$\lim_{x \to +\infty} \frac{3(x+1)(x-2)^2}{(x+3)(x-1)} = \frac{+\infty}{+\infty} = +\infty,$$

infatti il grado del polinomio a numeratore (terzo grado) è maggiore del grado del polinomio a denominatore (secondo grado) e analogamente

$$\lim_{x \to -\infty} \frac{3(x+1)(x-2)^2}{(x+3)(x-1)} = \frac{-\infty}{+\infty} = -\infty.$$

Per la ricerca di asintoti obliqui con equazione

$$y = mx + q,$$

calcoliamo

$$m = \lim_{x \to +\infty} \frac{3(x+1)(x-2)^2}{(x+3)(x-1)} \frac{1}{x} = \lim_{x \to +\infty} \frac{3(x+1)(x-2)^2}{x(x+3)(x-1)},$$

## 2.10 Quesiti simulazione 28/02/2019

da cui svolgendo

$$m = \lim_{x \to +\infty} \frac{3x^3 - 9x^2 + 12}{x^3 + 2x^2 - 3x} = 3,$$

infatti i due polinomi a numeratore e denominatore hanno lo stesso grado e il limite del rapporto è il rapporto tra i coefficienti delle potenze di $x$ di più alto grado, come si può vedere raccogliendo la potenza di $x$ di grado massimo sia a numeratore sia a denominatore. Si ha lo stesso limite anche per (-infinito) cioè

$$m = \lim_{x \to \pm\infty} \frac{3x^3 - 9x^2 + 12}{x^3 + 2x^2 - 3x} = 3$$

e quindi l'asintoto obliquo è uno solo. Calcoliamo la sua intercetta

$$\begin{aligned}
q &= \lim_{x \to \pm\infty} \left( \frac{3(x+1)(x-2)^2}{(x+3)(x-1)} - mx \right) \\
&= \lim_{x \to \pm\infty} \left( \frac{3x^3 - 9x^2 + 12}{x^2 + 2x - 3} - 3x \right) \\
&= \lim_{x \to \pm\infty} \frac{3x^3 - 9x^2 + 12 - 3x(x^2 + 2x - 3)}{x^2 + 2x - 3} \\
&= \lim_{x \to \pm\infty} \frac{-9x^2 + 12 - 6x^2 + 9x}{x^2 + 2x - 3} \\
&= \lim_{x \to \pm\infty} \frac{-15x^2 + 9x + 12}{x^2 + 2x - 3} = -15.
\end{aligned}$$

Pertanto l'asintoto obliquo ha equazione

$$y = 3x - 15.$$

Il grafico qualitativo è mostrato in figura 2.10.3.

**Figura 2.10.3**

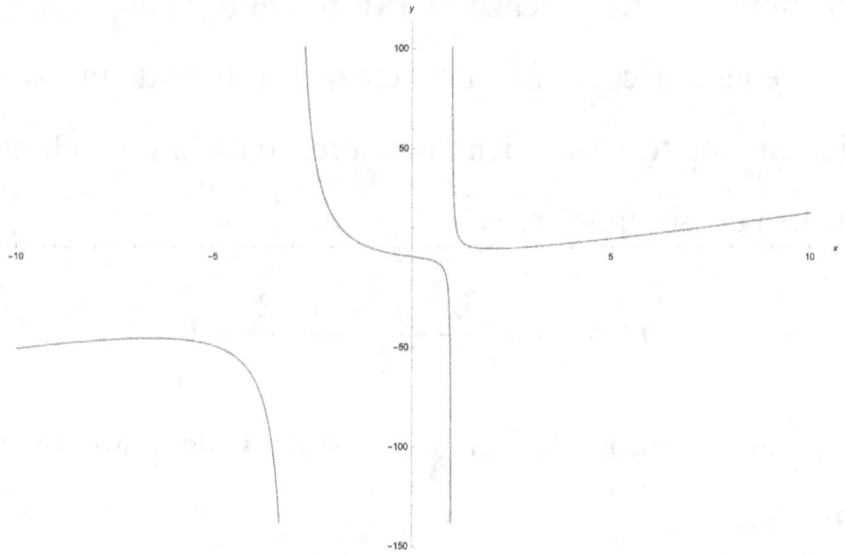

## 2.10.9 Testo $Q_5$

Si consideri la superficie sferica $S$ di equazione

$$x^2 + y^2 + z^2 - 2x + 6z = 0.$$

- Dopo aver determinato le coordinate del centro e la misura del raggio, verificare che il piano $p$ di equazione $3x - 2y + 6z + 1 = 0$ e la superficie $S$ sono secanti.

- Determinare il raggio della circonferenza ottenuta intersecando p e $S$.

### 2.10.10 Svolgimento $Q_5$

Data una superficie sferica di equazione

$$x^2 + y^2 + z^2 + ax + by + cz + d = 0,$$

per il centro e il raggio valgono le formule

$$C = \left(-\frac{a}{2}, -\frac{b}{2}, -\frac{c}{2}\right),$$

$$r = \sqrt{\frac{a^2}{4} + \frac{b^2}{4} + \frac{c^2}{4} - d}.$$

Nel nostro caso la superficie sferica $S$ ha equazione

$$x^2 + y^2 + z^2 - 2x + 6z = 0,$$

per cui

$$a = -2, \quad b = 0, \quad c = 6 \quad d = 0$$

e si hanno

$$C = \left(-\frac{-2}{2}, -\frac{0}{2}, -\frac{6}{2}\right) = (1, 0, -3),$$

$$r = \sqrt{\frac{(-2)^2}{4} + \frac{0^2}{4} + \frac{6^2}{4} - 0} = \sqrt{1+9} = \sqrt{10}.$$

Consideriamo ora l'equazione del piano $p$ fornita

$$3x - 2y + 6z + 1 = 0.$$

La distanza tra il centro della superficie sferica (punto $C$) e il piano $p$ è data dalla formula

$$D = \frac{|3x_C - 2y_C + 6z_C + 1|}{\sqrt{3^2 + (-2)^2 + 6^2}},$$

dove a numeratore sono presenti le coordinate del centro di $S$. Calcoliamo

$$D = \frac{|3 \cdot 1 - 2 \cdot 0 + 6 \cdot (-3) + 1|}{\sqrt{3^2 + (-2)^2 + 6^2}} = \frac{|-14|}{\sqrt{49}} = \frac{14}{7} = 2.$$

Sapendo che $S$ ha raggio

$$r = \sqrt{10} \simeq 3.16$$

maggiore della distanza $D$, concludiamo che superficie sferica e piano sono secanti.

## 2.10 Quesiti simulazione 28/02/2019

L'intersezione tra il piano $p$ e la superficie $S$ è rappresentata da una circonferenza di raggio $R$ che possiamo calcolare grazie al teorema di Pitagora, ottenendo, con riferimento alla figura 2.10.4,

$$R = \sqrt{r^2 - D^2} = \sqrt{10 - 4} = \sqrt{6}.$$

**Figura 2.10.4**

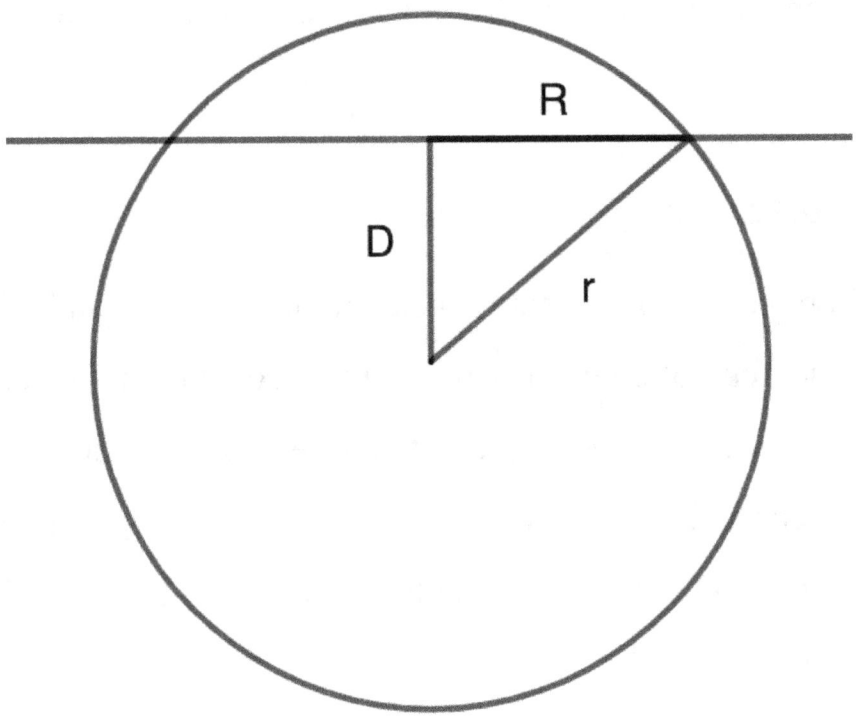

## 2.10.11 Testo $Q_6$

Un punto materiale si muove di moto rettilineo, secondo la legge oraria espressa, per $t \geq 0$ da

$$x(t) = \frac{1}{9}t^2 \left(\frac{1}{3}t + 2\right),$$

dove $x(t)$ indica (in m) la posizione occupata dal punto all'istante $t$ (in s). Si tratta di un moto uniformemente accelerato? Calcolare la velocità media nei primi 9 secondi di moto e determinare l'istante in cui il punto si muove a questa velocità.

## 2.10.12 Svolgimento $Q_6$

Un moto uniformemente accelerato deve essere quadratico nel tempo, come si può vedere calcolando la derivata seconda di $x(t)$ che rappresenta l'accelerazione e deve essere costante. In questo caso non si ha un moto uniformemente accelerato. Nel dettaglio scriviamo la legge oraria fornita

$$x(t) = \frac{1}{9}t^2 \left(\frac{1}{3}t + 2\right) = \frac{1}{27}t^3 + \frac{2}{9}t^2$$

## 2.10 Quesiti simulazione 28/02/2019

e calcoliamone la derivata prima rispetto al tempo, che rappresenta la velocità

$$v(t) = \frac{dx(t)}{dt} = \frac{3}{27}t^2 + \frac{4}{9}t = \frac{1}{9}t^2 + \frac{4}{9}t.$$

Calcoliamo l'accelerazione derivando ulteriormente rispetto al tempo

$$a(t) = \frac{dv(t)}{dt} = \frac{2}{9}t + \frac{4}{9},$$

come si può osservare, essendo l'accelerazione dipendente dal tempo e non costante, questo moto non può essere uniformemente accelerato.

Per calcolare la velocità media durante i primi 9 secondi possiamo agire in due modi analoghi, nel primo caso si può usare la formula

$$\bar{v} = \frac{\Delta x}{\Delta t} = \frac{x(9) - x(0)}{9},$$

da cui essendo

$$x(9) = \frac{1}{27}9^3 + \frac{2}{9}9^2 = \frac{729}{27} + \frac{162}{9} = 27 + 18 = 45$$

e

$$x(9) = \frac{1}{27}0^3 + \frac{2}{9}0^2 = 0,$$

si ha
$$\bar{v} = \frac{\Delta x}{\Delta t} = \frac{45}{9} = 5 \text{ m/s}.$$

L'altro metodo richiama la definizione di media integrale di una funzione che, applicata alla velocità $v(t)$, fornisce

$$\bar{v} = \frac{1}{9}\int_0^9 v(t)\,dt = \frac{1}{9}\big[x(t)\big]_0^9 = \frac{45}{9} = 5 \text{ m/s}.$$

Per trovare l'istante in cui il punto si muove a questa velocità occorre risolvere l'equazione

$$v(t) = 5,$$

dove la velocità, calcolata precedentemente, ha la forma

$$v(t) = \frac{1}{9}t^2 + \frac{4}{9}t.$$

Si ha
$$\frac{1}{9}t^2 + \frac{4}{9}t = 5,$$

da cui
$$t^2 + 4t - 45 = 0.$$

Calcoliamone il delta

$$\Delta = 4^2 - 4 \cdot (-45) = 196,$$

da cui le soluzioni

$$t_{1,2} = \frac{-4 \pm \sqrt{196}}{2} = \frac{-4 \pm 14}{2} = -2 \pm 7.$$

L'unica soluzione accettabile è

$$t = 5 \text{ s},$$

essendo l'altra negativa e, come ipotesi, avevamo

$$t \geq 0.$$

### 2.10.13 Testo $Q_7$

Una sfera di massa $m$ urta centralmente a velocità $v$ una seconda sfera, avente massa $3m$ ed inizialmente ferma.

- Stabilire le velocità delle due sfere dopo l'urto, nell'ipotesi che tale urto sia perfettamente elastico.
- Stabilire le velocità delle due sfere dopo l'urto, nell'ipotesi che esso sia completamente anelastico. Esprimere, in questo caso, il valore dell'energia dissipata.

### 2.10.14 Svolgimento $Q_7$

In un urto perfettamente elastico, oltre a conservarsi la quantità di moto si conserva anche l'energia cinetica. Possiamo scrivere il seguente sistema

$$\begin{cases} mv = mv'_1 + 3mv'_2 \\ \frac{1}{2}mv^2 = \frac{1}{2}m(v'_1)^2 + \frac{3}{2}m(v'_2)^2 \end{cases},$$

dove la prima equazione si riferisce alla conservazione della quantità di moto, essendo quella iniziale formata solo dalla quantità di moto della sfera 1 (la sfera 2 è in quiete), mentre quella finale è data dalla somma delle due quantità di moto delle sfere dopo l'urto. La seconda equazione, in modo simile, si riferisce alla conservazione dell'energia cinetica. Si noti come le velocità della sfera 1 e della sfera 2 dopo l'urto sono stati indicate con i simboli

$$v'_1, \quad v'_2.$$

Il sistema, semplificando, diventa

$$\begin{cases} v = v'_1 + 3v'_2 \\ v^2 = (v'_1)^2 + 3(v'_2)^2 \end{cases},$$

## 2.10 Quesiti simulazione 28/02/2019

possiamo risolverlo sostituendo la prima equazione nella seconda in questo modo

$$(v'_1 + 3v'_2)^2 = (v'_1)^2 + 3(v'_2)^2,$$
$$(v'_1)^2 + 9(v'_2)^2 + 6v'_1 v'_2 = (v'_1)^2 + 3(v'_2)^2,$$
$$6(v'_2)^2 + 6v'_1 v'_2 = 0,$$
$$v'_2(v'_2 + v'_1) = 0,$$

da cui l'unica soluzione accettabile

$$v'_2 = -v'_1,$$

infatti la velocità della sfera 2 dopo l'urto non può essere nulla.
Sostituiamo questo risultato nella prima equazione del sistema ottenendo

$$v = v'_1 + 3(-v'_1),$$

da cui, svolgendo i calcoli,

$$v = -2v'_1, \quad 2v'_1 = -v, \quad v'_1 = -\frac{1}{2}v,$$

insieme a

$$v'_2 = -v'_1.$$

portano a
$$v'_2 = \frac{1}{2}v.$$
Dunque le velocità delle sfere dopo l'urto sono opposte e uguali in modulo
$$|v'_1| = |v'_2| = \frac{1}{2}v.$$
Considerando invece un urto completamente anelastico in cui le sfere rimangono attaccate dopo l'urto a formare un unico corpo (e dove ricordiamo che l'energia cinetica non si conserva) possiamo scrivere solo l'equazione dovuta alla conservazione della quantità di moto
$$mv = 4mV,$$
dove abbiamo considerato il corpo finale di massa somma delle masse
$$4m = m + 3m$$
e di velocità $V$. Si ottiene
$$v = 4V$$
e infine la velocità che ha il corpo finale dopo l'urto è
$$V = \frac{1}{4}v.$$

## 2.10 Quesiti simulazione 28/02/2019

La perdita di energia si ottiene dalla variazione di energia cinetica (che infatti, come già accennato, non si conserva)

$$|\Delta K| = \left|\frac{1}{2}(4m)V^2 - \frac{1}{2}mv^2\right| = \left|\frac{1}{2}(4m)\left(\frac{v}{4}\right)^2 - \frac{1}{2}mv^2\right|$$
$$= \frac{1}{2}m\left|\frac{v^2}{4} - v^2\right| = \frac{1}{2}m\left|\frac{v^2 - 4v^2}{4}\right| = \frac{3}{8}mv^2.$$

### 2.10.15 Testo $Q_8$

Un campo magnetico, la cui intensità varia secondo la legge

$$B(t) = B_0(2 + \sin(\omega t)),$$

dove $t$ indica il tempo, attraversa perpendicolarmente un circuito quadrato di lato $l$. Detta $R$ la resistenza presente nel circuito, determinare la forza elettromotrice e l'intensità di corrente indotte nel circuito all'istante $t$. Specificare le unità di misura di tutte le grandezze coinvolte.

### 2.10.16 Svolgimento $Q_8$

La forza elettromotrice (f.e.m.) è data dalla formula

$$fem = -\frac{d\phi(\vec{B})}{dt},$$

cioè come l'opposto della derivata del flusso del campo magnetico nel tempo. Il flusso del campo magnetico su una superficie $S$ è dato, in generale, dall'integrale

$$\phi(\vec{B}) = \int_S \vec{B} \cdot d\vec{S},$$

in questo caso il campo magnetico è perpendicolare alla superficie della spira dunque l'integrale del prodotto scalare si riduce al semplice prodotto tra campo magnetico e superficie

$$\phi(\vec{B}) = B(t)S = B_0 l^2 (2 + \sin(\omega t)),$$

dove abbiamo usato

$$S = l^2,$$

essendo di forma quadrata. Calcoliamo la derivata del flusso rispetto al tempo

$$\frac{d\phi(\vec{B})}{dt} = \frac{d\left(B_0 l^2 (2 + \sin(\omega t))\right)}{dt} = B_0 l^2 \frac{d\left(\sin(\omega t)\right)}{dt}$$
$$= B_0 l^2 \omega \cos(\omega t),$$

da cui la f.e.m.

$$\text{fem}(t) = -B_0 l^2 \omega \cos(\omega t).$$

## 2.10 Quesiti simulazione 28/02/2019

L'intensità di corrente indotta si ottiene dalla legge di Ohm

$$i = \frac{fem}{R},$$

per cui semplicemente

$$i(t) = -\frac{B_0 l^2 \omega}{R} \cos(\omega t).$$

Le unità di misura coinvolte sono le seguenti

$$[fem] \to \text{volt (V)},$$

$$[\phi(\vec{B})] \to \text{weber (Wb)},$$

$$[t] \to \text{secondo (s)},$$

$$[B] \to \text{tesla (T)},$$

$$[l] \to \text{metro (m)},$$

$$[\omega] \to \text{radianti/secondo (rad/s)},$$

$$[S] \to \text{metro}^2 \text{ (m}^2\text{)},$$

$$[R] \to \text{ohm } (\Omega),$$

$$[i] \to \text{ampere (A)}.$$

# 3. Note

I testi delle prove e le relative figure sono quelli forniti dal Ministero dell'Istruzione per la prova ordinaria 2019 e per la simulazione del 28/02/2019 che possono essere consultati sul sito web ufficiale.

www.ingramcontent.com/pod-product-compliance
Lightning Source LLC
Chambersburg PA
CBHW080456220526
45465CB00006B/2285